Rich Devos
[美] 理查·狄维士 著

仁爱致富
助人终助己

安利（中国）日用品有限公司　译

重庆出版集团　重庆出版社

图书在版编目（CIP）数据

仁爱致富：助人终助己 /（美）理查·狄维士著；安利（中国）日用品有限公司译. — 重庆：重庆出版社,2024.5
书名原文: COMPASSIONATE CAPITALISM: PEOPLE HELPING PEOPLE HELP THEMSELVES
ISBN 978-7-229-18497-1

Ⅰ.①仁… Ⅱ.①理…②安… Ⅲ.①人生哲学－通俗读物 Ⅳ.①B821-49

中国国家版本馆CIP数据核字（2024）第051687号

COMPASSIONATE CAPITALISM: PEOPLE HELPING PEOPLE HELP THEMSELVES
Copyright ©1994 by RDV Publishing
Simplified Chinese edition copyright ©2024 Beijing Alpha Books. CO., INC
ALL RIGHTS RESERVED.
版贸核渝字（2023）第178号

仁爱致富：助人终助己
REN'AI ZHIFU:ZHUREN ZHONG ZHUJI
［美］理查·狄维士 著　安利（中国）日用品有限公司 译

出　品：华章同人
出版监制：徐宪江
责任编辑：朱　姝
特约编辑：陈　汐
营销编辑：史青苗　孟　闯
责任校对：王晓芹
责任印制：梁善池
装帧设计：袁文鑫

重庆出版集团
重庆出版社 出版
（重庆市南岸区南滨路162号1幢）
当纳利（广东）印务有限公司　印刷
重庆出版集团图书发行有限公司　发行
邮购电话：010-85869375
全国新华书店经销

开本：880mm×1230mm　1/32　印张：8.5　字数：180千
2024年5月第1版　2024年5月第1次印刷
定价：58.00元

如有印装质量问题，请致电023-61520678

版权所有，侵权必究

序　言

"仁爱致富？"一位大学生在听到这个标题后发出一声冷笑并大声问道，"这在概念上就自相矛盾，就像用'残忍'形容'善良'一样，这两个词语根本就是水火不容的！"

过去的四五年里，人们对我所崇尚的"仁爱致富"的理念有很多冷嘲热讽的评价。但只要有适当的机会，这个理念就能产生奇效。请别误会，想要获得真正的自由，绝对不是只靠金钱就可以的。人们当然希望自己和家人能够过上富足的生活，但富足的定义除了物质层面，还有精神层面：成为一个独立、健全的人，拥有自己的梦想，发现真正令人满意而不是仅限于表面的舒适的生活方式。

1969年7月18日，杰·温安洛——我一生的挚友和事业上的伙伴，用他的所作所为向我们生动地展示了什么是具有仁爱情怀的企业家。

当时我们在密歇根州亚达城的工厂发生了爆炸和火灾，我们的一切几乎毁于一旦。事情发生在午夜，当杰到达现场时，办公室和生产厂房已笼罩在滚滚浓烟之中。一些员工冒着生命危险爬上牵引车，从燃烧着的库房中将挂车和油罐拖出来，其他人则奋不顾身地要闯进这 1.4 万平方英尺①的火海，去抢救各种重要的文件。杰阻止了他们，并说出了一句至今都令人难忘的话："别管文件！大家马上出去！"

如何看待他人，将在很大程度上决定我们的行为。如果我们认为人生而平等，我们就会敬重所有的人，保护他们的尊严不受侵犯。如何认识地球的自然生态，对于我们制定什么样的资源利用政策，同样有着举足轻重的影响。如果将这神奇的地球看作上天的礼物，而我们只是这个无价之宝的看护者，那么我们就会倍加热爱和珍惜这个星球。

1986 年 5 月，美国对 42 个州的 8000 多名中学生进行了一次测试，考查他们对于商业经济的了解程度，结果 66% 的参试者都不能用经济学的常识定义"利润"。什么是利润？正确的答案是"收入减去成本"。有了利润，你的商业活动才会继续下去，才有能力积累资本。这些资本能够进一步拓展你的事业，创造新的商业机会，改善自己和他人的生活。

我在下面列出一个简单的公式，有助于你理解利润的产生以及资本的运作方式。这个公式就是：

$MW = NR + HE \times T$

意思是说：我们的物质财富（MW），来自人力（HE）利用工具（T）对自然资源（NR）进行的加工。

人们利用自然资源和工具，通常会产生两项收益：更长的使用寿命以及更高的效率。所以，拥有土地和拖拉机的农民，就要努力让土地保持肥力，同时还要妥善保养机器。到了收获的季节，他们还要挑灯夜战，以高效的工作换取丰厚的回报。

多年以来，我都利用这一公式解释经济运转和致富的方式。我坚信它的正确性，然而公式中仍然缺少一种因素，那就是仁爱。现在我每次

---

① 英尺，英美制长度单位，1 英尺 = 0.3048 米。

提到这个公式时,都会将仁爱因素考虑进去。仁爱致富的公式可以表述为:

MW=(NR+HE×T)C

当把公式中的每一项与仁爱(C)相乘,令人惊讶的情况就会发生。在寻求和享用物质财富的过程中,在开发自然资源、人力资源以及运用工具的过程中,我们必须以"仁爱"作为指导。

当我提到致富的终极目标在于"仁爱"而非"利润"时,也许仍有人会嘲笑这种想法。无论你的观点如何,必须清楚这样一点:当"仁爱"激励了自由企业的发展,利润随之而生时,人们的生活质量得以改善,地球也得以休养生息;如果缺乏"仁爱",我们虽然可能会有短期盈利,但必然要付出长期的代价并承担地球资源枯竭的恶果。

很遗憾,过去出现过(将来也会出现)贪婪、冷酷和无情的企业家,他们甚至不顾可能给人们带来的伤害,肆意践踏我们所生活的地球,将对利润的追逐视为天经地义。仁爱的企业家同样期望盈利,但他们会确保自己的行为有益于人类,有益于这个星球。以伤害他人、毁坏这个星球为代价的"利润"根本不是利润,因为它没有将真正的成本计入其中。

仁爱的企业家能辨别什么是真正的利润,什么是愚者心中的黄金。他们关心人们如何自由地为自己和地球构筑梦想,以及如何让梦想成真。

我将引述一系列发生在安利内外的故事,以阐释"仁爱致富"的理念。讲述这些故事对我来说是一种挑战,因为:第一,如果你是故事的主人公,由你现身说法,比我讲述的效果要更好;第二,你们的许多故事都很感人,不过由于篇幅所限,我不能将它们全部包罗在内。请记住,即使你的故事没有出现在后面的文字里,你同样是我众多朋友中的一个!

目录
CONTENTS

序言 /1

第一章　积蓄力量

1. 我们是谁 /002

2. 我们要去向何方 /012

3. 我们想去哪里 /027

4. 我们需要作出什么样的改变 /039

第二章　准备出发

5. 为什么要工作 /058

6. 为什么要仁爱 /072

7. 为什么要建立自己的事业 /083

第三章　开始行动

8. 我们需要什么样的态度 /112

9. 我们需要什么样的老师 /129

10. 我们需要什么样的目标 /145

11. 我们需要什么样的成功法则 /163

第四章　达成目标

12. 为什么助人自助 /196

13. 为什么要帮助无助者 /213

14. 为什么要保护我们的地球 /234

15. 我们将得到什么 /252

CHAPTER I
第一章 积蓄力量

1
我们是谁

> **信条 1**
>
> 每一个男人、女人和孩子天生都是平等的，他们都有自己的价值、尊严和独特潜力。所以，我们有能力为自己和他人构筑梦想！

华盛顿州监狱的一间狭小的牢房里，纳斯·伊姆兰静静地躺在铁床上，难以成眠。只要他一打瞌睡，梦里就会出现无尽的黑暗、令人害怕的影子以及充满怨恨却又无法听清的声音。

"1969年，我刚满19岁，"纳斯回忆说，"为了摆脱生活在贫民区的黑人小孩悲惨可怕的命运，我拼命考上了华盛顿大学，并加入了橄榄球队。在那段日子里，我全部的梦想就是获得海斯曼奖，赢得一个季冠军，然后挤进'玫瑰碗'大赛，最终成为一名职业球员。"

"然而命运多舛，我误入歧途，犯了法，被判处两年监禁。"纳斯突然激动起来，"在监狱里还能坚守梦想，那得多困难！"沉默片刻，他恢复了平静："出生在我这样的家庭里，坚持梦想本来就很困难。"

纳斯·伊姆兰的曾祖父是黑人奴隶，他的外公和外婆在他母亲年仅五岁时就去世了。就算林肯总统签署了《解放黑人奴隶宣言》，非裔美国人的基本权利在当时仍然很难获得保障，他们不但没有选举和言论自由，也没有著作权和集会的权利，法律还禁止他们经营企业，他们也没有财产权，甚至连写字、读书都是违法的。

在监狱里，纳斯身边尽是有同样遭遇的人——有些囚犯已经弓腰驼背、头发花白，他们被判无期徒刑，只能在这里苦度余生；而那些年轻的囚犯则垂头丧气，只能恭顺谦卑地打磨钢板或缝制钱包。

"嘿，纳斯，"半夜查房的狱警看见屋子里的纳斯，咆哮起来，"你别总是走来走去的，让我神经紧张。"

纳斯立马停了下来，慢慢地弯下身子，躺到了又硬又脏的床垫上，直勾勾地盯着天花板。

现在，我想请你尽情发挥一下想象力：如果有天晚上，狱警走到纳斯的牢房前，轻声地告诉他本章开头"信条1"的第一句话，你觉得他会有什么反应？

几乎可以肯定的是，纳斯要么嗤之以鼻，要么愤怒地回应，这必然会让狱警尴尬不已，然后放弃说最后一句。

"信条1"的那些话，也许会被你当作笑料或者耳旁风。我在此重申，因为我深信如果你相信并努力实践它，那么你就会如同我和我的很多朋友一样，生活状况获得意想不到的改善。

如何看待自己？

我想跟你探讨一些问题。

你认为你是谁？来自何处？

你的梦想是什么？你打算如何去实现它？

对这样的问题，不同的人有不同的答案。

我的一个生物化学家朋友的答案特别风趣幽默："我的60%是水，足够盛满一个小浴缸；剩余的是脂肪，可以制成四五块肥皂；除去这些，我的身体还有各类常见的化学元素，其中钙可以做成一大支粉笔，磷足够点燃一小盒火柴，钠可以制作一大包微波爆米花，镁足够使用一次闪光灯，铜足以铸成一枚硬币，碘多得足够让一个小孩上蹿下跳，铁足够做一根10便士的小铁钉，硫足够驱除一只狗满身的跳蚤。总而言之，考虑到当前的物价，我身上的水、脂肪和化学物质加起来大约值1.78美元。"

哲学家、建筑师和城市规划师巴克明斯特·富勒也给了一个"长篇大论"式的答案，我截取了一小段供你们参考："我是一个拥有自我平衡能力、有78个关节的两足动物。我的身体就像一座电化学加工厂，里面有各种一体化和独立的设施，将能量充入蓄电池中，为身体里成千上万液压泵和气压泵的发动机提供动力；有总长62000英里[①]的血管，有数千万信号装置、铁路和传输系统；还有破碎机和

---

① 英里，英美制长度单位，1英里≈1.6093千米。

起重机，以及分布广泛的电话系统（如果维护良好，70年都不需要维修）。所有的一切都听从一座塔楼的指挥，塔楼中有望远镜、显微镜、自动记录测距仪和光谱仪等。"

心理学家和行为主义理论之父伯尔赫斯·弗雷德里克·斯金纳是这样回答的："我是能够对外部环境进行一系列反馈的学习系统。就像巴甫洛夫的狗，经过被动训练之后，一听到代表食物的铃声便会情不自禁地分泌唾液。任何事情都由外部条件控制，拥有选择是一种幻觉，梦想也不过是自欺欺人而已。"

听完这些答案，你有何感想？不妨站到镜子前，看着自己，然后认真地思考一下："我如何看待自己？"

是化学元素的堆砌，还是自动运转的精密仪器，抑或是被训练成对外部刺激分泌唾液的有机体？

如果你认同这些观点，那么你就只不过是价值1.78美元的水、脂肪和矿物质的混合体。

我不认同以上任何观点：机器没有心，没有大脑，也没有意识；巴甫洛夫的狗虽然会做梦，但它们没法让梦想成真。

难道你不认为自己远非如此吗？

亨利·戴维·梭罗曾说："梦想是我们品质的试金石。"你的梦想决定了你是谁以及你关注什么，而梦想的大小决定了你是否有宽广的胸襟。

我知道，对你而言，敢做梦或许并非易事。就像纳斯·伊姆兰一样，或许你出身平凡，回忆里充满了苦涩；或许你正被罪恶感、债务和残疾压得喘不过气；或许你正忍受着人生失意或梦想破灭的折磨。

尽管如此，但老话说得好：追梦不怕晚。如果现在的你因为害怕或受挫而不敢拥有大梦想，那你完全可以从小梦想开始。梭罗还说过："一个人若能自信地朝着他梦想的方向行进，努力经营他的生活，那么他将在平凡时刻里遇见意想不到的成功。"

许多人最初只是想每个月多挣点钱来补贴家用，才开始创业。但是，集腋成裘、聚沙成塔，创业者的梦想也会随着事业的发展而慢慢变大。当然，需要提醒的是：有些时候，我们会因空想过多而变得不切实际。我憧憬着像帕瓦罗蒂一样引吭高歌，像马拉多纳那样精准地传球，像沙奎尔·奥尼尔那样漂亮地投篮，或者成为托妮·莫里森那样的写作天才。将喜爱和向往的事变为现实是实现梦想的关键。当我们发现自己的梦想过于空幻时，就要学会求助于人生导师。不过话说回来，大多数"不切实际"的空想，对我们构筑梦想却是至关重要的。因为有些时候，正是那些不理智的梦想引领你找回灵魂深处的激情和冲动。

在前面的故事中，出身贫苦的纳斯与"玫瑰碗"大赛失之交臂，又身陷牢狱，虽然屡遭挫折，但他始终没有放弃自己的梦想。今天，他和妻子薇姬已经拥有了非常成功的安利事业。不仅如此，他还把自己的梦想传递给了自己的 8 个孩子，并帮助上百人建立了自己的事业。纳斯还有了更多的时间、足够的金钱和创造力来为更多的社区和人们服务。

事实上，正是因为有纳斯这样遍布亚洲、欧洲、大洋洲、非洲、拉丁美洲的营销伙伴，安利事业才得以日益壮大。我们用公司的资金支持联合黑人学院基金会设立奖学金，帮助众多像纳斯这样的人，他们胸怀远大的梦想，梦中有他们自己，也有我和你。

如何看待他人？

"信条1"能够激发我们每个人的激情。一旦真正把握了其中的精髓，我们就可以开始新的征程。

"信条1"包含着重要的伦理道德要素。如何看待自己仅仅是个开始，如何看待别人才是获得成功的关键。所有人都平等享有构筑伟大梦想的权利。我们不但要自己实现梦想，还要努力去帮助他人美梦成真。

在历史的长河里，当一个人或一个群体认为自己高于一切，将他人视为一堆仅值1.78美元的化学物质时，悲剧就会不可避免地发生。

平等地看待他人不仅是你成功开创事业的第一步，也是引导世界解决问题、走出困境的钥匙。

你如何看待邻居、客户、老板、流浪街头需要帮助的陌生人，或是快要把你逼疯的人？如果你想获得真正的成功，就必须像对待自己一样对待别人，因为他们也和你一样拥有梦想。

虽然消除偏见绝对不是一朝一夕的事，恨似乎总比爱来得持久，但以平等的眼光去看待他人并不难做到。只要肯尝试，即使一点点努力也能带来改变。

托马斯·杰斐逊曾说："若有勇气，一个人堪比千军万马。"我在想，林肯总统在内阁提交《解放黑人奴隶宣言》之前是不是也读过这句话？不然，他不会在内阁反对时，还仍然坚定地举起手有力地说道："赞成票占多数，通过此宣言！"

安利的朋友们教会了我许多道理，大卫和简·赛文夫妇跟我分享了他们的心得："如果你帮助别人得到他们想要的，你也必将得到你想要的。"还有什么比这句话更能诠释"信条1"呢？

正是因为我们天生平等，所以我们能够为自己和他人构筑梦想。这一信念成为赛文夫妇拥有独立生意、迈向事业成功的指南。

大卫在爱达荷州博伊西市长大。在爱达荷州立大学上学时，他就成了美国预备役军官训练营的一员。毕业以后，大卫就职于国际知名的恩斯特·恩斯特会计师事务所（现在的"安永会计师事务所"）。简在爱达荷州双瀑市长大，那是一个只有两万人的城市。1969年，简与大卫结婚，婚后不久，大卫便应征入伍。他们在欧洲度过了婚后的头三年。在德国，他们有了第一个孩子，随后大卫退役回到美国。"那个时候，我们的经济非常拮据，"大卫告诉我说，"简想留在家里带孩子，但为了维持生计，她不得不在一家独立保险代理行找了份前台的工作。"他静静地补充说，"说起来挺可笑的，没想到现实这么快就给我们上了一课。"

"我们需要更多的钱，"简接着说，"为了赚点外快，我们还试着接过翻修旧房的活儿。"她一边回忆，一边苦涩地笑着，"和我们做过的其他小生意一样，不仅收入没能增加，反而负债越来越多。"

"我在会计师事务所的工作就是帮个体工商户代理税务，"大卫说，"我惊讶地发现，自主创业的人赚的钱比我们多得多。所以，我就有了开一家自己的会计师事务所的念头，但启动资金实在太多了，梦想也就被搁置了。"

"然后，我们发现了安利，"脸上藏不住笑意的简说，"接下来的故事大家都知道了。"

当被问及成功的秘诀时，大卫毫不犹豫地给出了答案。

"我们先从一个小目标开始，带着一个'不撞南墙不回头'的信念不断地努力。我告诉每个人，'你的梦想终有一天会实现'。"

"之后我们开始观察那些在安利获得成功的人，"简继续说，"我们发现，真正的大事业和小生意之间最大的不同，就是你愿意服务多少顾客。"

"我永远忘不了罗恩·普里尔对我们说过的话，"大卫说，"当你和别人分享安利事业机会的时候，要永远记得他们都是和你一样拥有梦想的人。"

"我觉得，"简补充说，"那次对话让我们醍醐灌顶，'人欲取之，必先予之'。我们把这种理念付诸实践，真诚地帮助别人实现创业的梦想。正是因为这样，我们的事业才蒸蒸日上。"

肯·斯图尔特第一次听说安利时才 27 岁，那时他是密苏里州斯普林菲尔德一名成功的承包商。在美国繁华的中西部地区，他每年能建造并卖出 50 多套房子。肯和他的妻子唐娜正在通往成功的路上奔驰。

"那时，我们都很年轻，野心勃勃，"肯回忆说，"但我们也有 30 万美元的债务，每次算账的时候都怕还不上。"

"开始经营安利事业之后，我们好像找到了答案，"唐娜说，"我们投入了所有精力去寻找一群和我们一样心怀壮志的夫妇，并建立了一个社群。然后，我们开始向其他前辈寻求建议，"她补充说道，"很快我们就找到了与别人建立联系的独特方法。"

"德士特·耶格先生在和我们第一次谈话后，就给我起了个'小山羊'的外号。"肯说，"我当时很年轻，精力充沛，总觉得自己是人生赢家，也希望我的伙伴都是胜利者。我那时还不明白，鲁莽地把人分为胜利者和失败者是一件危险而且错误的事情，因为只有经过长时间的检验，才能看清谁是真正的胜利者。"

"过了差不多一年的时间，我们才真正学会尽量不作判断。"唐娜解释说，"不能因为一对夫妻身强体壮、性格开朗活泼就判断他们精明，或者因为另一对夫妻看起来身体柔弱、性格内向害羞就认定他们反应迟钝。"

"和许多人一样，"肯继续说，"在忙碌和快节奏的生活中，我们往往看不到人们未被开发的或未被完全开发的天赋和才华，从而忽视掉他们的潜力。"

"当我们不再以第一印象评价他人，而是开始相信每个人都有天赋和潜能时,"唐娜坚定地说,"我们的事业才开始真正走向成功。"

肯总结道:"我们必须学会接受每个人真实的一面,明白他们想成为怎样的人,然后尽我们所能帮助他们。理解这个过程并将它融入生活,我们会变得快乐,事业也会蒸蒸日上。"

古谚语说得好:"如果一个人想要梦想成真,就得先从梦中醒来!"

我不确定我是否说得足够清楚明了,但"信条 1"的核心就是要唤醒我们:如果你想成为一位成功的企业家,那么正确地看待自己和他人是至关重要的。你能不能相信所有人,不管他们的出身、背景、身份,相信他们和你一样,都有自己的价值、尊严和潜力呢?

如果能,那么你已经踏上了追逐梦想的旅途。我们有理由相信,世界将会变得更加美好!

2
我们要去向何方

信条 2

我们认为,许多人都还没有发挥出自己的全部潜力。一旦他们获得了有用、实际的帮助,生活变得更加美好,他们就会心怀感激。

因此,每个人都要清楚地认识到自己目前在哪里,想要去向何方,需要改变些什么才能实现目标。

在加利福尼亚州科罗纳多岛一个游艇码头旁的海滨别墅里,乔·福利奥气冲冲地走出厨房,用力推开后门,咆哮着向热浪滚滚的柏油马路走去。"乔,别走,求求你了,至少现在别走。"妻子诺玛站在门口,手不停地颤抖着,眼里闪着泪花。

乔停了下来,转身看了看诺玛。"我要离开这个鬼地方!"他一边叫嚷,一边打开车门,生怕看到妻子的眼睛。此时他多么希望妻子能够拦住他，但又怕她这样做。

"你什么时候回来？"妻子跨过车道追了上来，希望能把他留下，二人和好如初。

"不关你的事。"他怒吼着，带着怒气重重地关上车门，随即发动引擎，掉转车头，头也不回地走了。

那一刻，诺玛就像块石头一样呆呆地愣在原地，她强忍着眼泪，小心地背对着屋子，因为她知道，19岁的大儿子尼基、16岁的二儿子乔伊和17岁的女儿莎莉正在窗户旁望着她。孩子们对父母的争吵已经习以为常了。诺玛深吸了一口气，转过身面向他们。

"我理解乔为什么会摔门、咆哮着离开，"她说，"因为他太痛苦了，我们都太痛苦了。无论我们多么拼命地工作，生活总是在原地踏步，每天都有新的麻烦要解决。最糟糕的是，没有任何人能帮助我们，我们心爱的一切都在离我们而去，而我们却无能为力。"

乔驶过科罗纳多湾大桥，沿着5号公路开往墨西哥边境。他在墨西哥的罗萨里多海滩的工地上班，在那里，工人们正等着他。他为刚才的情绪失控而懊恼，一想到妻子又一次被自己拉入绝望，熟悉的恐惧感便向他袭来。

"那时我得了多发性硬化症，"乔回忆说，"吃了10年的可的松，体重严重超标。经历了两次破产之后，我的跨国公司的资金链也断了，加上墨西哥货币贬值，我的个人资产一夜之间变成了零，我再一次面临破产。"

诺玛一言不发地坐在厨房的地板上，喝着咖啡，试图让自己平静下来。莎莉坐在她的身边,不知道该如何安慰母亲。乔伊回到自己的房间,头戴式耳机里刺耳的音乐击打着他的耳膜。大儿子尼基开着摩托车,愤怒地扬尘而去。

乔驾驶着银色的捷豹车,沿着脏乱的公路行驶,直至开到了偏远的墨西哥海滩,才停了下来。阳光在大西洋的海面上形成一条波光粼粼的小径,向前延伸着,不知道通往何处,突然,他将头埋在手中,伏在方向盘上,放声痛哭。

"我崩溃了,"乔说,"身体、感情、精神和财务全崩溃了。我害怕失去妻子和家庭,抑郁的情绪仿佛一朵巨大的乌云笼罩着我。"

你觉得这些话听着耳熟吗?我希望乔和诺玛的经历不会发生在你的身上,我希望沮丧和消沉永远不会侵蚀你的生活。然而,每个人都会不可避免地遇到梦想破灭和走投无路的窘境。正如美国剧作家马克斯韦尔·安德森所说:"如果一开始你没有成功,你就会觉得自己本该如此平凡"。

1854年,梭罗在《瓦尔登湖》中用更简洁的一句话来概括:"我们中的多数人都会在静默的绝望中虚度一生。"

从古到今,人们都将愤怒与沮丧深藏在心中。特别是如今我们生活在快节奏的世界里,抑郁已经成为一种精神瘟疫。美国国立精神卫生研究所的资料显示,越来越多的人挣扎于连续不断的抑郁和空虚之中,他们对一切美好的事物都失去了兴趣,他们经常会感到疲乏、失眠、易怒、脆弱,甚至不时会产生死亡或自杀的念头。抑郁和类抑郁疾病每年都会让美国雇主损失170亿美元,而且抑郁有越来越向年青一代蔓延的趋势，它浪费的时间、金钱以及造成的慢性疾病与心智损耗，更是无法估算。①

西屋电气公司的研究人员称："美国企业每 1 美元的健康医疗支出中，就有 20 美分花在了心理健康治疗上。"他们还补充说："降低医疗支出最有效的成本控制方法就是进行精神保健。"

美国《时代》杂志有一期"封面故事"专门报道了"美国全国性的不安全感和抑郁"。1991 年 10 月，《财经》杂志的"消费者舒适度"民调结果显示，"消费者情绪被抑郁主导"。该杂志的编辑指出，当时的焦虑抑郁指数评分为 -24 分，低于同年 4 月份的 -19 分，那期《财经》杂志就已经用"美国国民深陷焦虑"作为标题了。

法国作家阿力克西·托克维尔是 19 世纪 30 年代最伟大的美国观察者，用他在一百多年前描写我们的曾祖父母一辈人的话来描述我们，一点也不违和。他仿佛亲眼看到了 20 世纪 90 年代的我们一样："他们的头顶常常挂着乌云，即使在高兴的时候，看上去也垂头丧气……他们总是对自己得不到的东西耿耿于怀。"

康奈尔大学医学院附属纽约医院的杰拉尔德·科勒曼医生也认为："现在的人比以前的人更加悲观了，每当理想和现实之间出现鸿沟，人们就会感到抑郁。"

现实与梦想常常不符，我们会感到抑郁，而抑郁会导致我们的思维和行动变得消极。最后，我们在抑郁的泥潭里越陷越深，直到觉得自己再也无法振作起来了。

---

① 本书初次出版于 20 世纪 90 年代，书中数据均为当时所统计。——编者注

当梦想破灭、挫败感来临的时候，我们会怎样？有些人首先试图否认或掩盖失败，然后埋怨自己或迁怒他人，始终用逃避的方式来处理一切；有些人对沮丧已经无动于衷，有些人则用一些于事无补的消极行为企图"亡羊补牢"；有些人选择与沮丧生死与共，还有一些人选择坐以待毙。其实他们大可不必如此，这就是"信条2"所要传递的内容。

选项：否认沮丧或视而不见

晚上，乔从罗萨里多海滩驱车回家，诺玛好像什么事都没有发生过似的，在门口迎接他。他们进门后，乔和孩子们围坐在餐桌旁聊天，假装一切正常，诺玛则在厨房和餐桌之间来回奔忙，脸上挂着一丝僵硬的笑容。每个人都彬彬有礼、亲切友好，其实痛苦早已压得他们直不起身来。

强烈的自尊让我们不敢去承认事实，因为我们不想让别人知道自己的失败。在东方文化里，保住"面子"是一件非常重要的事。英国人也常说，"咬紧牙关，别让人看出你在哆嗦"。美国大男子主义文化也宣扬男人有泪不轻弹。我不知道有谁喜欢面对困难，所以，在一开始就假装没有任何矛盾，就简单得多了。但是，长此以往，痛苦会变成我们内心一个可怕的秘密，我们会在心灵深处筑起隐形的高墙，把那些关心甚至想要帮助我们的人拒之门外，就像一只生病的小动物，溜到僻静的地方，等着自行痊愈。

你是否也一样？当梦想岌岌可危，抑郁的迷雾让你迷失方向时，你会默不作声地逃走吗？还是坚持面带微笑，假装一切如常，而事实却是你的精神世界正在一点点坍塌？

"乔破产之前，我们的生活相当富裕，"诺玛回忆说，"我们有一幢漂亮的房子、一艘游艇、几辆不错的汽车。当他破产的时候，我们首先想到的就是不能让别人知道。我们想方设法地继续过着富裕的生活，然而实际上已经入不敷出。"

"一个有钱的朋友把他的银色捷豹卖给了我，让我每个月随便付他点钱，"乔边笑边摇着头，"我们还在加利福尼亚的海边租了一幢大房子，房子就在科罗纳多湾中的一座小岛上。"

"维持成功的假象一点都不难，"诺玛腼腆地承认说，"至少，当时我们还是维持了一阵子。当破产让我们感到绝望沮丧的时候，我们戴上了假面具，继续苦撑着。"

无论在学校、办公室、银行，还是在百货商店，乔和家人总是对人笑脸相迎。就这样，他们人前人后完全生活在两个截然相反的世界中，这让他们越来越压抑。在外面，他们总是戴上面具掩饰日益恶化的境况，很少有人会想到他们的生活已经如此糟糕。

是不是听着很耳熟？当我们假装没事的时候，我们并不是在帮自己。当我们不承认自己需要帮助时，别人也不可能帮助我们。因此，只有承认失败，我们才能改变现状，消除沮丧；只有承认自己在挣扎，你才能不再挣扎，然后慢慢地与朋友沟通，逐渐恢复。

选项：指责他人

洗完碗后，乔和诺玛回到卧室，两人又开始互相埋怨。"如果你没有……""如果你不总是……"两人的声音越来越大，愤怒穿过薄薄的墙壁，在孩子们的房间萦绕。

"我们两人相互高喊，"诺玛承认道，"声音盖过了孩子们在听的摇滚乐。后来，我们不再互相指责，开始把矛头指向其他人。我们抱怨父母、老师、朋友、同事，甚至还有美国政府。"

抱怨往往会让家庭关系破裂，因为相互的叫骂很快就会升级为人身攻击。

"有一次，我朝乔开了一枪，"诺玛有些不好意思地说，"要不是我准头差，子弹击中了车子和卧室玻璃，乔可能就没命了。"诺玛停下来想了很久又补充说，"现在想想，如果那时我杀了他，就不会有现在幸福快乐的日子了。"

据说，美国每15秒就会有一起家庭暴力事件发生。每年因家庭暴力导致的人身伤害，要花掉1800亿美元左右的医疗费用。

在情绪低落的时候，人们常常会做出一些疯狂、危险的事。诺玛至今都还记得丈夫半夜打来的那通特别的长途电话，电话来自墨西哥的一所监狱。

"我遇上了麻烦。"乔微弱的声音颤抖着。

诺玛努力绷紧了神经，仔细听着丈夫的解释。原来乔为了多挣一些钱，自告奋勇地帮助一些毒品走私犯穿越美墨边境。

"行动还没开始，"乔说，"墨西哥警方就发现了我们的计划，他们抓了我，审了我四天四夜。他们想要钱——很多钱，才能让我保释，否则就把我直接送进监狱。"

诺玛想尽了各种方法，终于筹到了保释丈夫的钱。现在回头看，乔确实是一个在绝望和抑郁中做出疯狂举动的典型。

我们常常会在自我反省的时候觉得羞耻，为了减轻这种负罪感，我们会将矛头指向他人，很快，指责就演变成一个危险和无止境的循环，并且很有可能演化为暴力和犯罪。伯顿·希利斯曾说过，"一个充分合理的理由与一个听起来不错的借口有着天壤之别"。当梦想破灭、沮丧不安时，我们不应停滞在抱怨里，而应找出深陷沼泽的真实原因，并着手制订一个合理的计划，帮助自己走出阴霾。

选项：逃避沮丧

在那段充满冲突和沮丧的日子里，乔和诺玛试图用酒精来逃避压抑的生活。

"我们依赖酒精麻痹自己，"乔坦白道，"虽然那种平静只是暂时的。"

"如果只有我们俩外出就餐，"诺玛说，"我们一定会喝个烂醉。"

目前，抑郁症诊疗行业是美国乃至全世界的增长幅度最大的行业，真实情况更是令人不寒而栗。没有人确切知道，人们每年要花费多少钱来排遣痛苦。

我们都知道，酒精不但含有大量的热量和脂肪，会让人发胖，还能影响人的神经系统，过量饮酒短期会使人亢奋，长期则会导致抑郁。但是我们仍然能看到一些人或家庭在啤酒、葡萄酒和烈性酒上耗费了数不清的钱财。在美国、欧洲和日本，酒精泛滥的比例相当高。在过去的 30 年里，美国酒类销量增加了 50%，德国增加了 64%，日本酒类销量的增长速度更让人难以置信，竟然增加了 73.5%。更糟糕的是，日本人对酗酒的关心程度全球排名最低，一份报告指出，只有 17% 的日本人认为酒精泛滥问题严重。

据统计，美国平均每年发生 184.4 万起酒驾事故。1989 年，有 20208 名美国人（其中许多还是青少年）在酒驾事故中丧命，永久性致残人数超过 10 万人。看到这个数字，我们都应该能理解反对酒后驾车母亲协会（MADD）中的母亲们何以如此愤怒和悲伤。

别担心，我可不是主张连街头酒吧都关闭的全面禁酒主义者，但是我们确实有义务支持那些为酒精依赖者提供帮助的、类似"戒酒无名会"的机构和其他治疗计划。同时，我们也必须提防自己为减轻压力而过量饮酒，产生酒精依赖的行为。

罗马哲学家和悲剧作家塞涅卡认为："酗酒是一种愚笨的自愿疯狂行为。"两千年后，伯特兰·罗素的话如出一辙："酗酒等于慢性自杀……它所带来的快感是负面的，只是暂时性地停止不快而已。"酗酒已经成为美国全国性的悲剧，对于个人而言，是让人更痛苦的前兆。

不能忽视的是，还有一种更廉价的逃避沮丧的方式——电视。

有可靠数据表明，日本民众平均每人每天会花 9.12 小时看电视，美国人紧随其后平均每人每天看 7 小时电视。电视是我们获取信息和娱乐消遣的好方法，然而，无情的数据表明，大部分人已经身陷其中无法自拔。我认为，之所以看电视会上瘾，是因为人们不想去探究事情发生的根源，而又急切地想逃避抑郁。

我想特别强调的是，当整个世界都好像被沮丧吞噬时，逃避就等同于浪费生命。虽然发生在别人身上的事貌似与你无关，但你也要思考一下，自己应该选择何种方式来面对失败和沮丧。

选项：向沮丧低头

弗兰克和芭芭拉·莫拉莱斯夫妇是安利加州圣胡安卡皮斯特拉诺的伙伴，他们向我讲述了芭芭拉 17 岁刚进入堪萨斯一家银行当出纳员时的一段经历。

"在那家银行的息票部门，"芭芭拉回忆说，"有一位上了年纪的女士，她一辈子都在为公司和公司的客户辛勤服务。到了法定退休年龄，银行给她办了一场告别派对，用美味的蛋糕和精美的礼物向她表示感谢。我还记得，她站在派对场地中间，眼泪止不住地往下掉，眼神里充满了忧伤和绝望。"

"第二天早上，"芭芭拉悲伤地说，"也就是她退休生活的第一天，她又来到银行，径直走向她原先的工位，看着坐在她位子上的新来的年轻女员工，试图跟她分享多年来的工作经验。"

"后来我才知道，"芭芭拉继续说，"那位女士从来没有休过一次假，也没有请过一天病假或事假，银行的工作就是她的全部，退休之后，她的人生也就结束了。此后的每一天，她都会回到原先的工位，站在那里，看上去越来越无助和绝望。最后，经理实在没有办法，只好让保安把她请了出去。自那以后，我们再也没有见过她。我时常在想，没有梦想她还能坚持多久？"

多少人带着梦想死去，或者在强烈的挫败感中继续行尸走肉般地活着？伯特兰·罗素这样描述那些因确信自己无力实现梦想而极度苦恼的梦想家："人的一生短暂而无助，所有的努力全是白费，生命最终都宿命般地堕入无情与黑暗中。"当看到自己的梦想在眼前逝去，莎士比亚笔下的李尔王哭号着："我们一出生，就要为来到这个傻瓜们的大舞台而号啕大哭。"

乔和诺玛对此感触颇深。1988 年 2 月 11 日，他们的大儿子尼基死于一场摩托车事故。刚进入青春期，尼基便沉沦于酒精和毒品。在一次过量吸食毒品后，尼基产生了幻觉，感觉自己年轻且无所不能，于是他把摩托车的油门踩到底，最终，连人带车冲出了海滨公路。

生活不可避免地存在很多悲伤的事情。在应该悲恸的时候，我们不必强颜欢笑，否认抑郁、掩盖抑郁、逃避抑郁只会带来痛苦。有一些梦一旦逝去就无法重启，所以，当梦想消失时，我们唯一能做的就是释放自己的情绪，直到悲伤过去，再次鼓起勇气重启梦想。

我们绝不能在悲伤中低头，绝不能成为失败和失望的受害者。悲观主义是一种危险的疾病，它会扼杀人类的潜力。我坚信，只有希望，而非绝望，才能帮助我们渡过困境。我们要与他人分享快乐，而不只是向他们倾诉悲伤，我们要讲述那些从失败中再次站起来的人的故事，因为那会点燃别人的梦想。

如果梦想不能成真，抑郁阻挡了我们前进的步伐，我们仍要记得，人生处处有希望。

我讲述乔、诺玛和其他朋友的故事，并不是说加入安利（或任何其他公司或关爱组织）就一定能够战胜沮丧。你我都无法保证，梦想一定会成为现实。

但我确信，很多朋友和同事之所以选择相信我和杰，是因为他们正陷入迷惘的绝望中。然而，他们并没有因为绝望而继续颓靡，而是把这种消极的情绪看作另一个希望的开始。

我希望接下来的话不会听起来盲目乐观，但就我而言，我始终坚信多数隧道的尽头是光明，风雨过后是彩虹，眼泪会给笑容让路，悲伤总有一天会向快乐投降。我坚信漫漫长夜之后，太阳一定会升起，让温暖重回大地。

磨难之后是新的开始，绝望之后是崭新的希望。当我们认为自己永远无法摆脱抑郁时，其实我们是被抑郁蒙蔽了双眼。因为，"柳暗"之后，就将是"花明"。

我并不是在简单描述抑郁和它的消极影响，我非常同情每晚因绝望和失落而梦魇缠身的人们。我也尝过那种苦涩，也与抑郁艰难搏斗过。因此，我明白，面对抑郁，我们不仅需要安定或百忧解来帮助我们度过寂寞的夜晚；我们还需要专业的心理咨询师、医生和精神病医院为我们提供专业的治疗；同时，也需要身边的家人和朋友的陪伴。但是，如果我们向抑郁低头，自甘深陷其中，或者容忍自己处在一种"生不如死"的状态，那么我们就将错过沮丧带给我们的"机会"。

乔和诺玛没有向抑郁投降，反而把它当作一个警钟，一个大大的"停下！前方危险"的标志。后来，他们在朋友的关爱下，终于走出了抑郁，重新认识了过去，热情地投入到现在的生活中，为未来描绘了一个全新的梦。

除了乔和诺玛，还有成千上万的故事表明，眼下的不如意也许是一种希望的象征。与其说抑郁是人生的终点，不如说它是一个开始，低迷的现状可能会将你的人生推向一个全新的制高点。

珍妮特·埃文斯是一名 20 岁出头的自由泳健将，她曾在 1988 年汉城奥运会上赢得三枚金牌，在 1992 年巴塞罗那奥运会上赢得一金一银两枚奖牌。她说过这样一句话："生活有低谷，也有巅峰，但只有到过低谷，才知道站上巅峰的感觉有多么美妙！"

问问乔和诺玛吧，他们一度认为自己不会再拥有梦想了。

"尼基死后，"乔回忆道，"悲伤和内疚几乎击垮了我。在圣迭戈的殡仪馆里，站在儿子的棺木前，我责怪自己，为什么死的是尼基而不是我这个做父亲的。当时，诺玛、莎莉和乔伊也在。朋友们也从全国各地赶来，与我们分担痛苦。"

"在可怕的沉默中,"他说,"我祈祷着,'上帝,再给我一次机会吧',我轻声低语着。虽然乔伊和莎莉已经成年,也让我们感到满意和骄傲,但我还想有个能代替尼基的儿子。"

"就在几周之后,"乔说着,他的眼里闪着激动的光芒,"我给一个年轻水手介绍安利事业,他是一名出色的海豹突击队队员,他曾经在世界各地执行任务,与恐怖分子战斗,解救人质,从沉船中搜救失事的潜艇遇难人员。这个年轻人把安利事业介绍给了他的战友、战友的妻子以及战友的朋友。不久以前,我成了那个海豹中队所有战士的'父亲',他们和尼基一样高,一样强壮有力,一样帅气。"

在遭遇经济和精神上的双重打击后,乔和诺玛重拾勇气,凭借他们的智慧重新站了起来。如今,他们夫妇事业成功,不仅找回了失去的一切,还获得了更多:他们再也不用为账单发愁,还买下了位于科罗纳多海滩的一栋漂亮的房子。最棒的是,他们交了一群新朋友。正如乔所说:"如果我的车子熄火了,只要一通电话,就会有500个安利伙伴出现,帮我把车拖走,带我到任何我想去的地方。"

更重要的是,乔实现了再有一个像尼基一样的"儿子"的梦想。而且不是一个儿子,而是成百上千个"儿子"——对那些年轻的海豹突击队队员,他像疼爱自己的孩子一样爱着他们。

"几个星期前,"诺玛悲伤地和我说,"我们接到了比尔和安妮·赛明顿的电话,他们俩是我们事业上的伙伴。他们的小儿子在一场严重的交通事故中受了重伤,正躺在菲尼克斯医院的病床上,生命垂危。"

"乔立即起身去了圣迭戈机场，"她回忆说，"他飞到了菲尼克斯，陪着他们度过了这段痛苦的时间。赛明顿夫妇的儿子不幸离世后，比尔打了个电话给乔，只简单地问了一句：'乔，你是怎么挺过来的？'我的丈夫顿了一下，忍住眼泪，因为这让他想起了那段悲伤、痛苦的日子，然后他平静地说，'一切都会过去的，比尔，你和安妮会好起来的'。"

回忆起那通电话时，乔依然泪眼蒙眬。"那一刻，我突然明白了这一路我是如何走过来的，"他说，"我们应该帮助那些与我们境遇相似的人。世事艰难，我们的梦想总会受到一些不可控因素的打击。虽然有时候会失败，但只要我们并肩战斗，就会取得胜利。互相支撑，学会重新筑梦，回首往事，你会惊奇地发现，我们终于如愿以偿了！"

3
我们想去哪里

> **信条 3**
>
> 　　生活的改善始于有序地安排个人和公共事务，包括家庭、友谊、教育和工作等。
>
> 　　所以，我们必须清楚知道自己究竟想做什么，并据此安排目标。

在 1995 年的春天快要结束的时候，华盛顿州亚基马谷的农民们发出信号：宾樱和圣安妮樱喜获丰收，需要大批的采摘工人。以此为生的多格利一家，听到这个消息，就立刻拾掇好家什，风风火火地赶往华盛顿州东南部。

当时，杰克·多格利虽然只有 10 岁，但已经在斯内克河河畔的果园里工作了 5 个夏天。每年采摘樱桃的第一天拂晓，杰克吃完妈妈烤好的薄饼，就会坐在活动板房外的台阶上，看着爸爸擦掉一个空罐上沾着的猪油，拿起一把锋利的刀子，在罐两边各钻一个小孔，然后穿上一根生锈的金属丝，打上结，好让杰克能斜背着悬垂到腰间。

"刚刚好。"父亲把做好的东西拿远了一些，欣赏着自己的手艺。

这个时候，上工的卡车喇叭声就会打破清晨的宁静。

杰克的母亲牵着他的手穿过石子路，朝果园走去。杰克还记得走在樱桃树下，满树的深紫色果实压弯了树枝的情景。

"那时我还没有多高，但踮起脚尖就能摘到一把樱桃，装满我的小猪油罐。头几天，我都是边摘边吃，鲜红的樱桃汁顺着下巴往下流，满脸和满手都是。"

"宝贝儿，你肚里的樱桃可上不了秤。"每次我们排队把采下的樱桃倒进称重和储藏用的大箱子中时，爸爸都会开玩笑地提醒我。

"我们是流动雇工，"杰克解释说，"从加州科灵加到加拿大边境，我们都去工作过。我们的酬劳是按磅①数计算的，所以我吃下去的每一颗樱桃都会影响家里的收入。"

杰克说："通常，我们会住在棚屋、帐篷或是炎热不通风的活动板房里，用塑料管冲澡，使用便携式马桶。母亲把所有衣服都洗得干干净净，给破了的地方打补丁，但我们的牛仔裤还是会变得破破烂烂，棉布工作服脏兮兮的，鞋子也时常磨出洞。我们开着二手车或旧货车，装上全部家当，从一个农场流浪到另一个农场，时时注

---

① 磅，英美制重量单位，1磅≈0.45千克。

意着路边那些'招聘采摘工'的告示。我们整天灰头土脸、衣衫褴褛、精疲力竭、疲于奔命。"

杰克记不得自己到底是什么时候有了想要过上好日子的梦想,但对雇主的厌恶之情,他都记得很清楚,即使他那时还只是个孩子。

"有一次在加州,"他略带沮丧地说,"我和父母正顶着烈日摘樱桃,而农场主的儿子却在他们豪华别墅的游泳池中游泳。那时我十二三岁,站在地里,看到女仆伺候农场主的儿子吃午饭,心里充满了愤怒和嫉妒。"

"虽然我年纪还小,但我下定决心,以后绝不让我的家人再顶着烈日摘水果,总有一天我们会过上好日子。我的父母秉性正直、勤劳苦干,但他们生活艰苦,居无定所,我再也不想过这样的日子了。起初,我对那些农场主充满了仇恨,慢慢地,我逐渐意识到我应该让家人拥有同样的生活。从那时起,我就开始梦想拥有自己的企业。"

"我想要更多!""我想有自己的事业。"这些豪言壮语听起来是不是很耳熟?不是只有流动雇工的孩子会有这样的想法,我们中的很多人,早在童年时代就开始梦想拥有更多的东西。我的父亲就曾一遍又一遍地对我说:"理查,你一定要拥有自己的事业。"

你的父母曾经对你说过什么?不可否认,一些孩子从来就没有从父母、老师、朋友那里听到如此满怀期望的话,因此,他们也从来没有梦想过成为环球旅行家、电影明星或世界500强公司的CEO,他们只想拿到一个高中文凭,每个月多挣几百块钱,买辆车或买套房，最好银行里能存点钱以应付不时之需。

无论你是想成为第一位女总统，还是只想过自己的小日子，你设定的目标决定了你的未来。记住，"我想要更多"或"我想做得更好"仅仅是一个开始。美国作家本·斯威特兰写道，"成功是旅程，而非终点"，梦想只是从平庸和失败走向成功，实现自我价值的第一步。

"你究竟想成为什么样的人？"这就是"信条3"所隐含的问题。"信条1"告诉我们，我们来到这个世界上就是为了筑就伟大梦想的；"信条2"承认有太多的人无法实现他们的梦想；"信条3"则提出了一个重要的问题："怎么办？"如果我们的梦想偏离了目标，我们如何让它重归正轨？

诺曼·文森特·皮尔曾说："当你改变了思维，你的人生也将随之改变。"如果我们发现自己的行为和目标并不匹配，我们该如何调整自己的思维？

事实上，许多人的梦想并不明确，既然不知道自己要去哪里，又怎么会对没有到达目的地感到奇怪呢？阿尔弗雷德·诺思·怀特黑德曾写道："我们的想法可以宽泛，但生活必须细致。"只有停留在思考层面的梦想是远远不够的，我们必须将它具体化。

有些人根本就没有梦想。我上高中的时候，参加过一次分享会，有个年轻人介绍了自己设下的20个"几乎不可能实现的"人生目标。他18岁时就发誓要和自己的偶像菲尼亚斯·福格一样去周游全世界。我不知道他都做了什么，但这个目标竟然实现了，因为当天活动的主题就是"80天环游世界"。

我坐在礼堂的硬板凳上沉思:"我的目标是什么,为什么还没有实现?"当时我将要高中毕业,成绩马马虎虎,出勤记录正常,在所有老师眼里普普通通、毫不起眼。事实上,我的确不引人注意。不过,在那次分享会后,我就开始为自己确立目标。

我们大多数人生活得浑浑噩噩。每天清晨起床后,漫无目标,晚上也不想想做了什么就稀里糊涂地上床睡觉。生活变成了一份按部就班的苦差——我们做的事情都是父母吩咐的、老师安排的、老板命令的、朋友期望的。

还记得《周六夜现场》节目的口号吗?——"抓住你的生活!"这句话说得好极了,而做到这一点要先回答两个简单但具有突破性的问题,也就是"信条3"的核心思想:你到底想成为什么样的人?你究竟想做什么?

时钟嘀嗒,在你读这本书的时候,时间也在飞逝,这就是你的人生。我希望此刻的你可以放下手中的书,拿起纸和笔,认真回答以下问题:

我的人生目标是什么?

我想成为什么样的人?

在短暂的生命中应该做些什么令自己兴奋、充实而又有价值的事情呢?

我今天向目标迈进了吗?下周、下个月呢?明年呢?

花几分钟来想想你的人生目标吧,把它们写下来。先别放下笔,然后圈出最重要的目标，再大声读出来，问问自己：我今天要做什么？如果不确定，也没有关系，在为实现最重要的人生目标踏出至少一小步之前，请不要惰怠。

顺便说一句，如果你的第一个目标是挣更多的钱，第二、第三和第四个目标一直到你的最后六个目标还是赚更多的钱，那么你很可能一开始就会遭遇"瓶颈"。根据我的经验，只以赚钱为目的的人很少能真正赚到钱，相反，那些知道自己为什么需要更多的钱和想用钱做什么的人，更有可能达成自己的目标。

玛格丽特·哈代从牙买加金斯敦移民到美国，在这里，她遇到了现在的丈夫特勒尔·哈代。玛格丽特做法律助理，并支持丈夫取得了纽约州立大学工程技术学位。

特勒尔出生于南卡罗来纳州斯帕坦堡郊外，从小生活在充满歧视和偏见的环境中。但有了寒窗苦读获得的工程学位以及秀外慧中的妻子之后，特勒尔知道不久的将来，他一定会实现自己的梦想。

在纽约一家颇有声望的工程公司工作了 16 个月之后，特勒尔期待着和自己的白人同事一样获得晋升。"我绝对有资格晋升，"他回忆说，"当主管把我叫到办公室，说我不能晋升的时候，我简直震惊极了，也失望透了。"

"'你做到今天这个位置已经足够了，'我的老板毫无愧疚地说，'我和你一样对此深恶痛绝，特勒尔，'他看似很真诚，'但我们总不能让黑人做白人的上司，对吧？'那天，不只是我的希望破灭了，我的梦想也死了。"

特勒尔和玛格丽特需要钱，但他们更需要一个机会，一个以公平的游戏规则为前提的机会——以他们的工作能力作为评价标准，对他们的付出给予公正的报酬。而今天特勒尔和玛格丽特已经拥有了一份成功的安利事业，拥有了他们梦寐以求的、远比金钱更重要的东西。

在开始安利事业之前，莱夫·约翰逊是一名验光师。他的工作能让6个孩子生活无忧，但是他还想多挣一些钱，来帮助那些需要帮助的人。但是日益增长的生活压力，让约翰逊博士不得不延长工作时间，加大工作强度，如此一来，花在家人身上的时间便越来越少，更别说帮助其他人了。

莱夫的妻子贝弗莉是一位才华横溢的音乐家，在阿苏萨太平洋大学担任音乐教授时，她有过一段痛苦的婚姻。离婚后，她继续经营着与前夫一起创立的安利事业。"老师的收入并不高，"她回忆说，"我要增加收入才能抚养两个孩子。此外，我还想从经济上帮助学校里那些有才华的音乐生。"

贝弗莉·约翰逊深深地感觉到，像安利这样的直销公司给单亲妈妈提供的增加收入的好机会，给了她安全感，能够让她有足够的时间陪孩子。

让两个为生活而忙碌的人将各自的家庭和成功的事业融合到一起并不容易，但即使在这么艰难的时刻，贝弗莉和莱夫仍然能够挤出时间用自己的积蓄来帮助有需要的人。目前，莱夫和贝弗莉不但为音乐生和运动员设立了奖学金，还在沃茨开了一家运动设备折扣店，赞助美国东部乡村的管弦乐队来西部学习，资助欧洲音乐家来俄勒冈州立大学巴赫音乐节演出，还筹募了几十万美元给复活节印章组织及其他慈善事业。

玛格丽特和特勒尔想要打破偏见并消除不公正的对待，做让他们有尊严、有保障、有幸福感的事。贝弗莉和莱夫也不只是因为想多赚钱而开始创业的，他们要抚养孩子，还要支持俄勒冈和全世界的慈善公益事业。这些不仅意味着要赚钱，而且意味着要激发人们自由追逐梦想的斗志。

讲述这些简短的故事，并不是为了宣传我们公司，除了安利，世界上还有无数的成功机会。正如特勒尔·哈代所说的那样："机会总是在那儿，不要放弃。但在此之前，你必须全力以赴做好准备。"他笑着继续说："当机会真的来临时，抓住它，别让它从手中溜走。我们只要做我们所相信的，坚持下去，最终一定会获得我们想要的。"你为什么想赚更多的钱？你一生想成就什么？你想如何去做？伟大的目标来自伟大的信念，你的信念是什么？激励和指导你人生的价值观是什么？

二十多年前，如果你在街上问一个陌生人最有价值的东西是什么，他很可能会说："是国家、家庭、朋友、教育，还有工作！"然而现在越来越多的事实证明，人们对曾经坚信的价值观正在渐渐失去信心。

如果越来越多的人对我们父辈所秉承的那些价值观失去信心，我们至少将面临两大问题。

第一，没有价值观的指引，我们将何去何从？

第二，在艰难困苦的时刻，价值观是我们获得动力和支持的源泉。今天，当我们需要价值观的时候，我们应该到哪里找到它们？

"你希望自己的人生通向哪里？"是"信条3"隐藏的问题，在真正获得成功以前，你需要诚实地回答这个问题。或许你从未深入思考过"价值观"的问题；或许到现在你还没有思考过"价值"这一问题；或许你只是思考过那些对你父辈重要、如今对你仍然重要的事情；或许你仍旧尊崇这些基本的价值观，即使你发觉它们不合时宜，致力于让它们发生改变；或许你已经抛弃这些看似陈旧的价值观并找到了指引你人生的新的信条；或许你在争论不休中早已困顿不堪，只想简简单单地赚些钱维持日常开支，并偶尔度一次假而已。

我写这本书的目的不是为了劝说你们接受我的价值观，也不是想让你认同我的目标。尊崇价值观终究是你的事情，完全是个人意愿。有很多成功人士有着不同的价值观。但是，除非你对人生有一套积极、核心的价值观，否则你的目标将贫乏而无意义。没有价值观加持的目标不仅无法帮助你成功，还可能把你带向危险的边缘。

感谢母亲，她教会我要爱父母、爱自己、爱邻居。我知道我有时过于单纯，但我的言行都会以这个简单问题作为评价标准："我是否真的爱他们？"

美国桂冠诗人罗伯特·弗罗斯特在其著名作品《黑色小屋》

中写下了一句重要的话："我们一生中看到的许多变化都是因为人们不断地接受和否定各种真理。"现在，爱已不受欢迎，如果我们的价值观已经被抛弃或正在被抛弃，都因为爱已经或正在被忘记。

如果你想获得成长，提升人生效能，就应当多播撒一些爱，给爱一点机会。无论作为个人，还是国家，我们都需要伟大传统的复兴，而当每一个人重新开始互相友爱时，伟大的复兴才能真正开始。

威斯坦·休·奥登曾说过："我们要么相爱，要么死去。"爱是一切事物赖以生存的基础。学习爱要花一辈子时间。让爱成为我们所有目标和行动遵循的准绳吧！

14岁时，杰克随父母到华盛顿州大观景台一家大型土豆加工厂打工。"我的工作是拔掉旧木质灌溉水道周围的野草，"他回忆说，"老鼠和响尾蛇就藏在长长的木水槽下面，每次进去拔草和捡垃圾的时候，我都害怕老鼠咬掉我的手指，或者响尾蛇的毒牙咬住我的胳膊。"

"到了十五六岁，我已经能扛起100磅的土豆，并搬到装货站台了。后来，我对土豆农场和加工厂里所有的工作都十分熟悉，雇主便提拔我当上了经理。在那之后不久，我娶了丽塔，她是一位农夫的女儿，在内布拉斯加州长大。

"当上工厂经理远远超出了家人对我的期望，我就像'主人'一样，起早贪黑地工作。5点下班铃声一响，工人们就纷纷走了，而我会加班四五个小时，确保第二天一早换班时一切顺利。我是流动雇工的孩子，早已习惯了从早到晚地工作。

"我和丽塔在一起的时间少之又少，每天有一半时间都见不上面。她是一名美容师，每天也要加班，而我几乎就住在工厂里。后来，我对现状越来越不满。我没有尽到丈夫和父亲的责任，又如何能爱自己？我一天花12至14个小时在工作中，却从老板和下属那里得不到半句感谢的话，这叫我如何能爱他们？"

杰克和丽塔开始寻找一份属于他们自己的事业，希望能主宰人生。当安利伙伴向他们展示了他们从来都没有在之前的雇主身上体验过的爱时，他们义无反顾地加入了，并将所有精力投入其中。当他们取得成绩时，伙伴会为他们的成功而喝彩；当他们失意时，伙伴又会送来安慰。

实现事业成功并非易事，不久，他们学会了给予顾客、事业伙伴同样的关爱。在新事业的发展初期，往往需要花费更多的时间、精力，作出更多的牺牲。

"我们原来住在小快捷公寓里，"丽塔回忆说，"坐在厨房，伸手就能够到任何东西。刚开始，我们白天正常上班，晚上和周末经营安利事业。后来，我们辞掉了工作，全身心地投入安利事业中。刚辞职那会儿挺难的，但我们最后还是挺了过来。今天，这'小小的'事业一年能带来上百万美元的收入。更重要的是，这份小事业不属于别人，而是属于我们自己。现在，我们能自由地实现想做的一切，也能用我们从前想都不敢想的方式来帮助他人。"

你的目标是什么？你希望自己的人生去向何处？杰克和丽塔因

为足够自爱，定下了目标，敢于冒险，愿意作出改变。在创业过程中，他们学会了如何爱家人，爱邻居，爱朋友。昔日流动雇工的孩子如今也有了六位数的收入，他们的孩子也可以在自家的游泳池中畅游，而他们的家人、邻居、朋友的生活都因他们有时间和金钱奉献爱心而得以逐渐改善。

我们生活在一个价值观需要被重新定义和创造的时代。这个时代充满了机遇，我们可以用创新的解决方案来应对新问题。巨大的机遇中孕育着巨大的成功，新的生命力推动着人类文明滚滚向前。

请记住杰克——一个采摘工的儿子，童年时在炎炎烈日下采摘樱桃，渴望生活变得更好一点；请记住丽塔，从小生长在内布拉斯加的农民家庭，渴望有一天能拥有自己的企业。而我们的事业，终于使他们美梦成真。

4
我们需要作出什么样的改变

> **信条 4**
>
> 有规划的理财——偿还债务、学会与他人分享、制订财务计划并切实遵守——是让生活轻松起步的前提。

1972 年的秋天,在北卡罗来纳州一个温暖惬意的晚上,哈尔与苏珊·古奇开着车,缓慢驶过位于托马斯维尔中心的芬奇公馆。那年哈尔刚满 25 岁,不久前刚从军队退役。苏珊 22 岁,是一家大型镜子制造公司的电脑操作员,工作地点就在他们所住公寓附近的工业园区内。哈尔帮父亲打理家族的家具生意,跟很多年轻夫妇一样,每当他们开车经过占地 12 英亩①的芬奇公馆,他们都会问自己,什么时候才能住上这么大的房子。

"托马斯维尔家具公司就属于芬奇家族,"哈尔回忆说,"我住

---

① 英亩,英美制面积单位,1 英亩 ≈ 4046.86 平方米。

的小镇上只有 16000 人，其中就有 6000 人在芬奇先生手下工作，也难怪他能建起这么一栋豪宅。"

"帮我的父亲经营家具生意，能让我有一份体面的收入。"哈尔解释说，"虽然不多，但也够用。苏珊的时薪也不低，可以补贴家用，但每到月底，应该说是每个月初，付清日常开支的账单后，我们几乎也剩不下什么钱了。"

"总有一天，我们不仅会住上大房子，"哈尔小声说，"而且还会拥有一栋像芬奇公馆一样的豪宅。"苏珊笑着，紧握着丈夫的手，心里想着，别说豪宅了，我们以后能付清所有账单、收支平衡，早日搬出这个月租 55 美元的房子就不错了。

你知道那种感觉吗？就是你明明有一个梦想，但却不知道该怎么实现它。如果你是个上班族，你有没有发现就算你拼命节省，银行账户余额还是在不断减少？如果你失业在家，是不是每次听到信用卡账单到来的"叮咚"声，就感到一阵恐慌？你梦寐以求的大房子、新车子、家庭旅游，甚至是一小笔存款储备金，是不是也渐渐地被每个月纷至沓来的账单所蚕食呢？

"我们没上过大学，"苏珊说，"家里并不富裕，也没有富裕的亲戚可以依靠。我们的开支不断增加，而储蓄却越来越少。"

"如果要实现心中的梦想，"哈尔说，"我们就要多挣钱，除此以外，别无他法。"

赚钱的方法很多，但是在你创业之前，一定要处理好自己的财务问题。俗话说："如果你无法靠现在挣的钱过日子，那么挣得再多也不够花。"

"一味盯着新问题,是无益于解决老问题的。"比尔·贝瑞德说道,他是安利最成功的营销伙伴之一。

"要想解决财务危机,先要把手头的账单付清,至少要有一个偿还方案和计划表。"安利加拿大最成功的营销人员之一吉姆·扬兹说。

很多人的财务状况一团糟,原因很简单,他们花的总比挣的多。但要彻底解决这个问题可不简单,尤其在问题已经出现之后,一堆账单砸到你头上,你就很难再爬起来了。一旦无力偿还这些账单,恐惧、自责和无助感就会侵入你的大脑和身体,影响你的思想和行动。

所以,我们要怎样保持良好的个人财务状况呢?在跟很多人交流之后,我发现大家都认可以下几个步骤:

第一,还清债务;

第二,学会分享财富;

第三,每月至少存一笔钱,无论金额多少;

第四,严格控制花销;

第五,学会按照以上规则生活。

还清你的债务

有一个英国贵族破产了,每当裁缝向他讨债或央求他至少还点利息时，他就说："我没兴趣付本金，付利息也不符合我的原则。"（英语中，"兴趣"和"利息"为同一单词"interest"，而本金"principal"和原则"principle"同音。）

我们身边的很多人不可能像那个虚伪的贵族一样轻易逃避债务。最近，我和大急流市一家百货商店的信用部经理进行了一次长谈，她对大多数逾期还款客户处理债务的方式表示十分肯定。

"如果无法按时付款，好的客户会提前通知我们，"她告诉我说，"然后，为了表示诚意，他们会在书面通知后附上一张支票或汇票，用来偿还一部分到期欠款，我们认为这样的客户是值得信任的，是负责任的客户，我们会尽力帮助这样的客户渡过经济难关。"

我询问她对偿还债务的建议时，她说："第一，明确自己的负债总额；第二，算出自己每周或每个月能够负担的还款金额；第三，和债权人商定一个合适的还款额；第四，提醒自己诚信地履行还款义务；第五，学会量入为出、精打细算地生活，避免再次惹上这样的麻烦。"

我觉得这些建议大有裨益，你觉得呢？你是否债务缠身？有没有制订还债计划？你有联系过债权人并获得他们的理解吗？你有诚信地履行自己的还款义务吗？你有精打细算地生活吗？

罗恩·拉梅尔在获得得州理工大学建筑学学位后被剑桥大学录取，还获得了扶轮社奖学金。回到美国后，他踌躇满志，满怀热情地期待新生活的开始。很快，罗恩进了一家有名的建筑事务所，他的妻子梅兰妮也找到了一份教五、六年级学生语言艺术和科学的工作。后来，全球石油市场意外崩盘，达拉斯原本繁荣的经济迅速衰退，罗恩和梅兰妮也被波及，双双失业在家，并身陷巨债。梅兰妮的万事达卡被冻结了，其他信用卡也刷爆了。

"我花了整整六年时间读完大学，"罗恩回忆说，"当时许多高学历的人都跟我说，当建筑师每个月能挣 8000 美元，后来一切都崩溃了，我听人介绍了安利事业，便加入了。"罗恩承认，"当时我只有两个目的：一是清偿债务，二是有更多的时间和家人待在一起。"

他可不是在开玩笑，要知道，还清信用卡欠款是数千万美国人的一个主要目标，而搞副业是实现这一目标的常用方法。罗恩解释说："我从事安利就是兼职，我们尽量不买东西，每周工作 7 个晚上，每天工作 12 个小时，只为了还债。"

功夫不负有心人，罗恩和梅兰妮很快还清了信用卡欠款，还建立起了成功的事业。他们能够在兼顾事业的同时，跟孩子们享受有品质的生活，帮助所住社区甚至全世界需要帮助的人，再也不用因为信用卡债务或其他债务而备感压力了。

在迈向未来之前，我们必须对过去的每一步负责。如果你需要制订更加详细的还款计划，可以向银行经理或本地信用卡经理寻求帮助。无论何时，你都可以从书籍、磁带、研讨会、理财顾问那里获得帮助。偿还欠款和完成其他目标一样，你都需要列出计划并按计划行动。

美国幽默作家阿蒂默斯·沃德写道："让我们尽情快乐地生活，

哪怕靠借债度日。"这种观点是绝对不可取的。借钱不能让我们摆脱债务压力，只能让我们负债累累。

虽说无视一切能获得快乐，但也是破产前的最后一步。一旦你主动开始了解自己欠下了多少钱，就踏出了控制开支和终结负债的第一步。下次你要是再动刷信用卡的念头，就想想自己欠下的钱，"这张卡欠了4321美元，所有卡加起来欠了74000美元"。

然后，每次使用信用卡前，闭上眼睛，问自己几个问题："买这样的东西，值吗？我需要为了它增加更多债务吗？没有它，我的生活能继续吗？"

找出并检查你现在所有的信用卡，把它们排在客厅地板上，剪掉那些已经过期的卡，即使过期，继续留着也是件危险的事情。

找出那些还没过期、利率特别低的信用卡。用低利率的信用卡购物，10年下来可以省下好几千美元。

特蕾莎·特里奇在《财经》杂志的一篇文章中提醒大家：如果你的信用卡始终有欠款——也就是说你每个月都没还清欠款——"那么你要选择一张低利率的信用卡，即便有年费，一年省下来的钱也比高利率、无年费的信用卡多。"

你可以拒绝支付年费。如果你发现账单上有这笔费用，可以拨打发卡行的免费电话要求取消。如果银行拒绝，你就说要注销他们的银行卡，再来看看会发生什么。但是如果他们坚持收费，那就注销吧。

一个人的信用卡最好不要超过三张。拉姆银行卡研究快讯社社长罗伯特·麦金利建议：免年费、还款期限长且每月额度小的卡，可用于购物；低利率且免年费的卡也可用于购物；而低利率的卡，最好只用于商业交易。

不仅要扔掉多余的信用卡，还要偿还欠款，然后通知银行注销不用的卡。即使你已经通知了银行，也要仔细审查，确保它已无法使用，且银行也没有继续收取卡费。

与他人分享

我的许多朋友和同事都同意，清偿欠款是迈向成功的第一步，这没什么好讶异的。但他们中的绝大多数人也都认为，学会与人分享是有识之士应当做的，即使他还并不富有，甚至还在清偿债务。

保罗·米勒是安利的营销伙伴之一，他笑着说："我们是'获得性综合征'的受害者，想要生存首先要学会摆脱债务。"然后他说了一句令人吃惊的话："摆脱债务的第一步，就是奉献。"保罗强调说："不要等你富有的时候才想到慷慨，现在就应该乐善好施，日后你一定会惊讶于所得的回报。"

在衣食无忧时大谈奉献当然易如反掌。但是保罗和黛比·米勒提醒我们，奉献不是成功的结果，而是开始，是每一个阶段都要做的。倘若等有钱的时候再去谈奉献，或许你永远也做不到奉献。因为漫漫人生中，施与比接受更困难。

根据我的经验,成功的人往往在事业一开始就会慷慨地与他人分享自己的所得,顾客和竞争对手都喜爱他们,感激他们。

我们最在意的是当生命走到尽头,我们给人们留下了什么样的回忆,而这种回忆是我们一开始就能决定的。人生的目的,在于奉献,在于助人。

你知道史怀哲的故事吧,他是一位多才多艺的医生和科学家,是世界上最了不起的巴赫作品的演绎者,曾在欧洲各教堂举行过管风琴独奏会。他那富有哲学性的演讲和作品足以让他名垂青史,可他却花了大半辈子时间在非洲加蓬兰巴雷内的小村庄里当乡村医生。

在奥果韦河的河岸,史怀哲给那些"被遗忘的人"建了一所医院。史怀哲之所以被世人怀念,不仅因为他非凡的音乐成就、他的皇皇巨著、他获得的诺贝尔奖,更因为他把生命奉献给了那些需要帮助的人。当然,你不必像他那样做,但每个人都有机会在生命的每一天慷慨施与。华兹华斯写道:"好人生命中最有价值的部分,是他那些细微的、不为人注意的、默默无闻的友善和仁爱。"很少有人有史怀哲那样的名誉和华兹华斯那样的口才,但没有关系,即使是他们,也只是将名誉视为一种假象罢了,真正重要的是你在分享时收获的快乐。虽然许多时候,我们小小的分享并不为人知,但我们仍然要坚持这么做,不是因为这是善行,而是因为它是我们自己的荣耀。慷慨地给予那些需要的人以希望和帮助,我们自己也会获得快乐和满足。

每天储蓄一点

我的第一个存钱罐是母亲送的,那是一件手工上漆的、带有活动零件的铸铁艺术品。我把硬币滚到小槽里,或者直接放在鸟嘴里,然后按下操作杆,硬币就能穿过硬币孔掉进去。每个月,妈妈都会带我去第一肯特银行在本地的支行,把钱存入我自己的账户。我最喜欢看银行出纳员数我的存款,然后填写存单,最后签名盖章。

你有存钱罐吗?或许它是一个玻璃罐,只是在上面的金属盖上开了个小口,或者是一只彩色的瓷制小猪,底部还贴着标签,上面用紫色墨水写着"Hecho en Mexico"(墨西哥制造)。我们都是爱存钱的一代,那时候,每家都有一个储蓄账户,一到发薪日,每家的父亲都会去银行存钱。即使在最艰难的时刻,每家每个月都要尽量存点钱。

现在时代变了,美国人的储蓄速度低于其他工业国家,仅仅才过去一代人,我们的平均储蓄速度就下降了6%。日本人平均储蓄月收入的19.2%,瑞士人储蓄月收入的22.5%,而美国人只储蓄月收入的2.9%,这意味着美国人只有4000美元的应急存款,而瑞士人有19971美元,日本人则有45118美元。

你每个月会把多少钱存起来?你银行里有多少应急存款?要记住一个基本的储蓄原则:你至少要有一个月的薪水存在银行,以应付突如其来的变故。你达标了吗?

《身在何处》的编辑说:"从长远来看,存款减少不仅会破坏家庭的安全感，还会严重削减一个国家未来的投资资金。"

我知道存钱很难，特别是对债务缠身且每个月都入不敷出的家庭而言。但如果每个月都坚持存一点钱，长期下来，你会惊奇地发现，即使在困难时期，你仍有数量可观的存款。

《黑色企业》杂志的编辑建议：每个家庭至少应该有够三个月花销的应急现金，他们还建议，有孩子的家庭应该设立"安全成长共同基金"，准备孩子大学期间的费用，每周存入12美元，每年10%的回报，15年后，便会得到约上万美元。

你记得克雷斯吉吗？他生于内战后的宾夕法尼亚州荷兰裔地区中心地带的一个穷苦家庭，他的第一份工作是在五金店做推销员。受弗兰克·伍尔沃思的计划激励，克雷斯吉在全美国各个商店里开展现购自运经营，到1932年，克雷斯吉已经拥有几百家商店了。

克雷斯吉强烈提倡存钱，他的传记作者写道："他一生的抱负是赚钱，最喜欢做的事是存钱。"在他生命的最后时光里，他成了美国最富有的人之一。他从不打高尔夫球，因为无法忍受丢球。他的鞋一直会穿到无法再穿，如果因鞋底太薄而渗水，他就垫上旧报纸。遗憾的是，他的前两任妻子都因他吝啬而跟他离了婚。

而今天，克雷斯吉基金会是全美最大的慈善机构之一，而且以慷慨、眼界开阔而声誉卓著。克雷斯吉逝世数年后，他的财产被全部捐了出来。可以说，许多大学、医院和公共服务机构都受益于他的节俭。

设置财务上限并严格遵循

英国前首相撒切尔夫人在一场面向下议院的演讲中说道："我属于手里有钱才肯花的一代。"不管你对这位首相的政治立场有何看法，她这句话里的智慧都值得我们推敲。

这里面蕴含着两层意思：第一，大多数人不知道他们手里有没有钱，因为他们平常都不清楚自己银行账户的余额，更不用说他们欠的钱了；第二，他们从来不会做个人或家庭预算，就算他们做了，也不会执行。

如果没有预算，就算手里有钱，也不清楚如何分配：要用来偿还债务、帮助他人，还是存进银行？他们只知道消费，就像饮酒作乐的醉汉，早上醒来时还在想自己为什么会头痛欲裂。

如果你还没有做财务预算，为什么不在星期五晚上或者星期六下午做一个预算游戏呢？规则很简单：设置消费限额并严格地遵守。

和家人坐下来（如果你是单身，可以一个人玩这个游戏。如果你结婚了但还没有孩子，那就夫妻二人玩这个游戏），发挥创造力，让游戏变得有趣，充满新鲜感。做得好时，还可以给参与者（或者你自己）奖励，比如游戏结束时去看一场电影或者去沙滩（要确保这在你的预算之内）。关于钱的事，不一定都是痛苦的，也可以很有趣，试一下吧！

第一步，计算每月固定开支总额，包括保险和税款等，这些账单可能是半年付或年付的，但必须包含在预算当中。

第二步，把需要支付的欠款、用来帮助朋友的钱（这些朋友可能比你更需要钱）和想要存的钱加起来。

第三步，从月收入里扣除前两项的总额，如果还有剩余，可以把这些钱用于家庭自由支配，或提前偿还债务，或和有需要的人分享。

如果没有剩余的钱，或者更糟一点——入不敷出，那么是时候忍痛降低消费水平了。这时候，或许你会考虑多挣点儿，不过千万别这么想，因为这样会让你花的比挣的多，不但对现有的状况无益，反而是让你陷入财务混乱的开始。

第四步，让家人围成一个圈，分别承诺按照预算消费。到了月末，你可以再次把家人召集起来，做下个月的预算，制订预算很容易，但切实按预算执行可并不简单。

第五步，表扬那些遵守承诺、把花销控制在预算内的人；和那些超支的人一起讨论，分析他们超支的原因，直到每个人都满意为止。对超支的人扣减下月的零用钱以示惩戒，与其商定哪些预算应加进来，哪些要除去，哪些要增加，哪些要减少，并要求其重新承诺下个月严格遵守财务预算。

为了避免月底亏空太大，你还可以根据需要召开家庭紧急会议，讨论预算外的超额开支，并找到控制开销的折中办法。小两口或者全家聚在一块儿，认认真真地起草一份家庭预算计划，确实是很有意思的事情。不过，一定要设定开支限制，并且监督每个人是否切实地按预算执行。

我们总是对金钱的话题避而远之，开始探讨的时候又太迟了。我们不停地花钱，直到债务和利息突然间威胁到了我们的未来，然后我们就开始相互埋怨对方花得太多。如果尽早做好财务规划，就可以避免关系破裂、家庭暴力甚至人命事件。很多事例都说明，因钱的问题而导致关系破裂甚至离婚的情况，要远远高于其他原因引起的家庭纠纷。

还记得哈尔和苏珊·古奇吧？他们曾羡慕地仰望着芬奇家的豪宅，而心里却在为是否有钱支付账单犯愁。20年过去了，他们付清了账单并实现了财务自由。他们从小小的安利事业起步，努力工作，业绩不断增长。而他们的购房梦想，也从夏日的乡村木屋，到托马斯维尔家具商的庄园，再到现在的山村别墅——如今，这里住着哈尔、苏珊和他们18岁的儿子克里斯。

他们的经历并非个案，类似的故事数不胜数。他们怀揣着远大的梦想，开始认真地对待金钱，赚多少花多少；他们付清账单，做好理财；他们开设储蓄账户，每周都存钱进去，哪怕只是一点点。他们学会了分享，会捐钱给有需要的人，即使是在自己不容易、不方便的时候。很快，他们便梦想成真了。

当然，这一路上也有牺牲。哈尔·古奇是我认识的人中最爱钓鱼的一个，但因为要拓展事业，他不得不把一直视若珍宝的一艘小渔船置换成了一辆二手房车，以方便他们在各州之间奔波。

"哈尔卖掉渔船的时候，他的朋友都取笑他，"苏珊回忆道，

"他们认为我们的安利事业失败了，哈尔再也不钓鱼了。但我们需要那辆房车，"她解释道，"我们不能让儿子跟着我们四处奔波，连个固定的落脚点都没有，宾馆和汽车旅馆都太贵了。"

哈尔回忆说："卖掉渔船以后，我有一段时间只能在沙滩边钓鱼。那段日子里，能钓到比目鱼和眼斑拟石首鱼，我就很满足了。卖船不容易，却是值得的。现在，我和苏珊、克里斯有一艘名叫钻石小姐的卡罗来纳游艇，全家经常乘着它去钓500磅的金枪鱼。我们有更大的梦想，也为之付出了代价，所以才能梦想成真。"

跟古奇夫妇一样，住在北卡罗来纳州罗利市的拉里和帕姆·温特，在几乎没有钱的情况下开始了他们的追梦之旅。拉里经营着一家洗车场，帕姆负责收钱。他们依然记得，在午餐休息时，他们总是坐在长凳上看着洗车场，一边吃着鸡蛋沙拉和三明治，一边琢磨他们什么时候能搬离罗利附近那所月租225美元的破房子，什么时候能付清账单，实现财务独立。

若干年后的圣诞节，帕姆站在罗利市高档居民区新家的厨房里，8岁的女儿塔拉和4岁的儿子斯蒂芬正帮着妈妈分切刚出炉的果仁巧克力饼。拉里一手抱着2岁的儿子里基，一手拿着一捆冬天的衣服，走了进来。

拉里告诉我们："过去几年里，每逢圣诞节，帕姆和我都会收集手套、保暖袜、保暖内衣、牛仔裤、卡其布裤子、法兰绒衬衫和针织帽子，并把它们捐出去。帕姆会把她拿手的果仁巧克力饼装满一大篮子，然后再加上很多糖果。孩子们帮忙把衣物和吃的抬上货车，然后我们和安利的其他伙伴一起驱车到罗利商业区和夏洛特闹市，把东西分给平安夜无家可归的人们。"

用了十来年的时间，拉里和帕姆·温特已经实现了财务独立，可以自由自在地做他们想做的事情了。

"在洗车的那些日子里，我们帮不了任何人，"她补充道，"我们自己有太多财务问题。和其他人一样，我们被那些铺天盖地的夜间电视或周日分类广告上所谓快速致富计划的广告搅得头昏脑涨。很快我们就明白了，对那些向你承诺快速致富的人，要避而远之。要小心这些人，这些广告可能夸大其词，甚至可能就是谎言，那些产品又贵又不好用，还不能退货。"

拉里补充说："当第一次听到安利事业时，我们终于找到了快速、简单地赚取外快的方法。我们喜欢上了安利的产品和事业机会，并相信人们会争相购买我们的产品，加入我们的事业。我们添置设备、订购产品，还装修了一间小办公室，装了新的电话。我辞去了洗车的工作，做了几次产品介绍，然后就等着电话铃声响起。"

"1980年我们开始创业，"帕姆继续说道，"到了1985年，情况比之前更糟了，我们并没有迅速成功，相反，我们甚至连电话费都付不起了。"

"在达到财务目标之前，"她继续说，"我们不得不认真听取前人的建议，他们告诉我们，世界上根本就没有哪一种方法能够轻轻松松地解决金钱问题，我们必须先学会量入为出，必须提前做好预算，必须学会管理财务。"

拉里回忆说："不论何时，只要我们感到害怕和沮丧，我们就去寻求安利事业伙伴的帮助，他们教给了我们三个终身受用的原则：第一，我们生活在一个一切皆有可能的时代；第二，只要你想要创业，机会一定会出现；第三，命运不会帮助懒惰的人，如果你慷慨奉献，努力工作，正确地对待他人，成功就会降临在你身上。不论你是黑人、白人、胖或瘦、富或贫、高或矮、美或丑，这些都无关紧要，只要你努力去做，诚心分享，好事就一定会发生在你身上。"

"所以我们不再指望他人会帮助我们摆脱财务困境，"他说，"我们要靠努力工作来拯救自己。1988年，我们还清了债务；1989年，我们买了新车，搬进了位于罗利市黄金地段的新家。1990年，我们实现了财务独立和时间自由，那时，我们已经可以做想做的任何事情了。"

"一旦我们学会怎样自助，"帕姆说，"就有能力去教别人如何自力更生。如果想真正帮助别人，就不能只给他们钱，更多的应该是帮助他们学会自立。"

"还有很多人在困境中徘徊，需要帮助，"帕姆提醒我们，"有钱以后去帮助那些还没有自立的人，是多么让人惬意的事情啊！"

1991年的平安夜，帕姆、拉里和他们的三个孩子去了罗利市中心，他们走过了五彩缤纷、灯火通明的社区，经过了装饰着冬青花环和圣诞树的邻居家的家门，穿过了带着由金银花纸包装的礼物赶回家的人群。当他们来到被高楼大厦遮蔽了阳光而显得阴暗潮冷的街角时,拉里放慢了车速。

"孩子们发现了一群身形佝偻、衣衫褴褛的人正围在一个闪烁着火苗的铁桶旁,"帕姆回忆说,"他们把冻得僵硬的手伸到火苗上取暖。"

"手套。"塔拉激动地喊。

"手套。"拉里回应道。只见他踩住刹车,匆匆跑到货车后面拿了一包有内衬的皮手套。这些手套是拉里在一家剩余军需用品商店买的。

"别忘了布朗尼蛋糕。"斯蒂芬喊道,也跑过来帮忙。

"布朗尼蛋糕。"拉里一边重复,一边拎出食品袋,将蛋糕分发给那些人当晚餐。

几个小时过去了,拉里一家在湿滑的街道上跑来跑去,走走停停,把圣诞礼物分发给那些有需要的人们。后来,他们看见一位非洲裔美国妇女带着两个孩子,躲在一家华人洗衣店的蒸汽炉旁,缩作一团。

"当时,"帕姆回忆说,"我们看着那个可怜的女人和她的孩子。那么冷的天气,他们只能紧紧靠在一起,互相取暖。我不知道,如果换成我,在那样寒冷的平安夜,却没有任何东西给孩子们取暖,会怎么样?"

"手套。"塔拉哽咽着说。

"手套。"拉里重复着,他们两个走向小货车后面,抱出一大堆食物和衣服,来到冷冰冰的铁炉前。那名妇女盯着他们,当包裹打开,她如同从梦中惊醒一般,赶快给孩子们穿衣喂食。拉里拉着女儿,回到车里。

"谢谢。"女人轻声说道。沉寂了好一阵,我们的女儿回答说:"不用谢。"那个女人微微一笑。从那个女人疲惫而湿润的眼睛里,拉里似乎看到了太阳的最后一道余晖。而那一刻,欢乐与哀伤的神情,也同时浮现在孩子们的脸上。

CHAPTER II
第二章　准备出发

5
为什么要工作

> **信条 5**
>
> 只有能给我们自由、回报、肯定和希望的工作，才值得倾力而为。
>
> 因此，如果工作不能带来满足感（包括经济、精神和心理方面），我们就应该尽早结束它，去开辟新的事业。

汉福德核基地的上空乌云密布、阴沉昏暗，一场夏日的暴风雨即将来临。

罗恩·普伊尔开着1963年的"漫步者"货车驶向警卫室，此时闪电划过，照亮清晨的天空，远处雷声滚滚。一名身穿制服、手里拿着登记簿的保安人员弯下腰来确认他的身份，然后挥手示意让他过去。

罗恩回忆说："我是一名会计师，在华盛顿州三城工作，当时已经是公司的中层管理者。我坚信只要学习好、工作好、努力奋斗，成功和安全感自然就有了。每天早上，当我开车驶进巨型核能研究中心的停车场时，我都确信，我已经做了我该做的，一定能实现我的梦想。"

那是个星期五的早上，罗恩走进宽敞的办公大楼，看见其他同事满脸震惊，话语间还带着愤怒。往常的星期五，又长又亮的走廊上到处是友好的寒暄问候，就算隔着齐胸高的办公桌隔板，期待周末的同事们也都会向彼此挥手微笑。而那天早上，大家三五成群地凑在一起，窃窃私语。

"我清楚地记得我刚坐下，就发现了一封人事公告，上面写着我的名字。顿时，我的心中涌出一阵恐惧。桌子上的照片中，漂亮的妻子乔治娅·李和两个孩子吉姆、布赖恩还在冲我微笑着。"

就在那个早上，罗恩和另外 2100 名同事得知，虽然他们的工作对雇主"有价值"，但公司已经不再需要他们的服务，原因是这家私营核公司丢了政府合约。谁都没料到会有这么一天，因为核能是未来的发展趋势，罗恩曾经还因为拥有这样一个铁饭碗而深感幸运。

罗恩伤感地回忆说："多年来的辛苦付出换来的只是一张解雇通知，一切就这么结束了。我卖力工作，业绩突出，对公司忠心耿耿。为了工作，我无私奉献过数百个小时，甚至在家也通宵加班。不过，这些努力都付诸东流了……"

那天下班后，罗恩跟老朋友道了别，领了遣散费，最后一次穿过走廊，开车回家把这个坏消息告诉妻子和孩子们。

我们认同有意义的工作，它提供给人们的不仅仅是一日三餐或者居所，还能改善我们的生活，使我们获得尊严。

正如苏联作家马克西姆·高尔基所说："当工作是一种乐趣时，生活就是一种享受！当工作是一种义务时，生活则是一种苦役。"有意义的工作能够让我们自尊自爱，而没有意义的苦差事和失业相差无几。

以罗恩为例。在收到解雇通知后的几个月里，痛苦如同噩梦般纠缠着他，发出的无数封简历都石沉大海。人一旦没了工作，宝贵的自我价值感也会消失。随之消失的，还有面对问题和解决问题的勇气。

最终，罗恩找到了一份会计工作，在一家公共机构担任出纳兼办公室主任。不过这份工作很不合他的心意：双倍的工作量，超长的工作时间，薪水却只有原来的 70%。罗恩每周除了工作 44 小时外，还必须在晚上、周末甚至假期拿出二三十个小时应对"线上紧急需求"。

罗恩的妻子乔治娅回忆说："罗恩十分讨厌这份枯燥的工作，但为了不让家人受苦，他又不得不接受这样的低薪超时工作。在罗恩失业和重新找工作的第一年，我们债台高筑，信用卡已经到了透支的极限。每月付过账单后，几乎就剩不下什么钱了。我觉得我们花钱并没有大手大脚，但不论怎么节约，他的薪水也只够勉强支付每个月的账单。尽管我愿意在家里带孩子，但是出去谋份工作已经迫在眉睫。"

罗恩沮丧地说："结婚时我曾向乔治娅许诺，我们的孩子回到家时，家里不会空无一人。为了让孩子们回家时就看到母亲，我愿意付出任何代价。我甚至保证乔治娅永远都不需要工作，除非孩子们长大成人后她想出去工作。"

罗恩继续说："我被解雇后，存款很快就花完了。乔治娅在丹尼斯餐厅找了份服务员的工作。她的这个决定，让我的心都碎了。"

乔治娅坦言道："我们的新工作就是为了养家糊口。但是总的来看，我们的付出远远多于收获。我们都不喜欢自己的工作。我们两个人基本碰不上面，更别说孩子了。很多时候我们都很累，两个人动不动就会为了琐事吵架。生活的压力也让我们的身体健康每况愈下，罗恩大把大把地吃胃药，我也是阿司匹林不离手。即使我们都可以不在乎工作的劳累，但是日复一日地做着自己并不喜欢的卑微工作确实让人恼火。"

罗恩所面临的困境，在美国太常见了。1991年的一项调查发现，25—49岁的美国受访者中有64%的人表示自己"有过辞职去荒岛生活、环游世界或做点其他开心事的想法"。

工作是生存的基础。罗恩和乔治娅感谢他们的老板让他们能够生活下去，但他们仍然渴望能从事有意义的工作，做自己喜欢做的事情。你有过这种感觉吗？你不妨问问自己：我工作开心吗？什么样的工作更有意义？

1981年的一项研究发现，43%的美国人认为，一份工作只要

"钱多"，那就值得做。1992年，持有这一看法的美国人已经增加到了62%。但工作的意义真的只在于钱吗？

密歇根大学调查了数千名普通员工，将他们对工作是否有意义的判断标准按重要性统计如下：

1. 有趣；
2. 能得到足够的帮助和能利用工具来完成工作；
3. 有足够的信息来完成工作；
4. 有足够的权限来完成工作；
5. 薪资待遇好；
6. 有机会培养特殊能力；
7. 工作安全；
8. 能够看到自己的工作成果。

你希望自己的工作变得更有意义吗？当我们将热情和责任心投入有意义的工作时，除了金钱之外，还会有各种附加的回报。弗洛伊德曾说过，渴望付出有意义的行动能让我们有一种现实感。他认为，我们都和这个世界发生联系，不同之处在于有些人将有意义的工作视为实现自我价值的途径。从事有意义工作的强烈愿望源自人类的本能。事实上，弗洛伊德的追随者在进一步深入研究后认为：对于有意义工作的强烈渴求，正是人类区别于动物的本质所在。

心理学家表示，工作满足了我们对食物、住所和物资的需求，有意义的工作还有助于我们树立自尊心。成功的人认为自己可以克服恐惧和焦虑，可以掌控自己所处的环境，从而拥有一种独立感和自由感。

工作是培养个人身份认同感的强大动力源。有意义的工作会让人相信，他们正在改变世界，为整个国家创造财富和福利，为自己和子女换得更好的生活条件。

有意义的工作为人们提供成长和开阔眼界的机会，让人们有机会出去旅行，接触艺术和音乐，结识有趣的人和事，增长见闻。

社会科学家认为，有意义的工作在于满足社会需求。换句话说，我们工作就是在为其他人提供有价值的东西。从这个意义上讲，成功的人不仅仅是利用大众的投机者，他们之所以成功，是因为他们能够利用价值。他们的眼界比他们自身的需求更大，他们在摸索的过程中不断树立自信。

企业家说，他们的快乐通常来源于对某种爱好或其他追求的浓厚兴趣。一旦发现少了些什么，他们便会行动起来，开始考虑通过某个项目或业务来填补这一空白。现代企业家通常把有意义的工作当作游戏，他们通过实际行动来探索、服务整个世界，并在此过程中改变或改善世界。

在罗恩和乔治娅经济最困难的时刻，他们燃起了创业热情。

"大约就在那个时候，"罗恩笑着回忆说，"几个五年没见面的老朋友突然约我们出去，说想跟我们聊一个创业机会。我想这恰巧印证了那句古话：成功，就是准备遇上了机会。"

乔治娅补充道："如果他们在其他时候给我们打电话，我们可能听都不听。但那时候我们正好有需要，他们恰巧就在那个时候拨通了电话。"

罗恩坦言说："我非常渴望让妻子照料家庭。看过安利事业机会的介绍后，我决心尝试一下。只要能让乔治娅离开餐馆，再次回到孩子们的身边，无论多大的牺牲都是值得的。"

"我讨厌卖肥皂，也讨厌讲事业机会，"乔治娅笑着说，"但我已经没力气了。一天做8个小时的服务员耗光了我的全部精力，我还要照顾丈夫和孩子，做家务、做饭、打扫卫生，我整个人都快被掏空了。我知道，适应新的事物不容易。因此我有时甚至想，罗恩肯定也不会坚持太长时间，过不了多久就会失去兴趣。"

然而，这次事业机会讲解活动激发了罗恩的创业热情。他计划在不放弃现有工作的同时，每周都抽出一两个晚上来做安利事业。为此，他给自己设定了一个切实可行的目标，只要每月能够多挣400美元，那么自己的努力就是值得的。

"我当时想，要是这个小目标能实现，我就让妻子辞职，跟我一起做。"罗恩回忆说。

乔治娅补充说："当时我吓得要命，说句小心眼的话，在餐馆里得到的满口袋的小费，还真有些让我舍不得。不过罗恩的口才很棒，很有说服力。随后我发现，我们一起工作后，罗恩每月的收入能增加1000美元，然后是2000美元。而我也听从了他的建议，积极地去销售产品。"

罗恩回忆说:"我们的第一个目标很快就实现了,接下来是解决第二个目标——还清信用卡和分期贷款。这一目标也实现后,我们就梦想着能完成一次全家旅行。果不其然,这个目标也实现了。后来,我们还有了存款。虽然每次都只是前进一小步,不过一切都按照我们的计划进行,我们小小的事业在不断壮大。"

"我们还买了辆凯迪拉克。"乔治娅说。罗恩开着这辆车去上班,却给他带来了一点"小麻烦"。虽然老板对罗恩的工作表现赞赏有加,但还是让他在创业和打工之间作出选择。

罗恩脱口而出:"辞掉工作意味着放弃稳定的收入,但是我心甘情愿。带着不安和惶恐,我们走出了舒适圈,毅然追逐自己的梦想。"

有意义的工作为何使人产生如此强烈的满足感,以至于人们甘愿承担巨大的风险?愤世嫉俗的人也许会说,这不过是出于对金钱的迷恋,对物质财富的贪欲。然而他们错了,有意义的工作之所以令人产生如此强烈的满足感,是因为它根植于人类的基本需求。

有意义的工作带来自由

真正的自由,包括三层含义:机会、工作能力以及享受劳动成果。

自由是"持续不断的创造力的源泉",简言之,当我们真正自由的时候,我们付出汗水,就能够期待梦想的实现。

罗恩回忆道："当从事安利事业的收入超过我工资的两倍时，我们才意识到这份事业真的具有无限的潜能。我还知道，乔治娅和我对待这个'小生意'一样一丝不苟：全力以赴地投入梦想，投入时间，投入精力。"

"我们把安利事业作为人生中的头等大事，每周都用四五个晚上来研究和经营，这样坚持了两年半。在这短短的两年半时间里，我们的收入猛增，我们都震惊了。在分享产品和事业机会的同时，还有如此丰厚的回报，这让我们相当自豪。"乔治娅说。

他们原本只是为了赚取一点微薄的收入，却被激发出创业精神，这是不是难以置信？当然，我并不是要鼓动任何人盲目地加入安利，人们都应该朝着自身创业精神引导的方向前进。

有意义的工作带来回报

20 世纪 30 年代，美国著名律师克拉伦斯·达罗帮助一位女士解决了一些法律问题。这位女士问他："我应该怎样来报答您呢？"达罗回答说："既然腓尼基人发明了钱，那这个问题就只有一个答案。"

人在什么时候会努力工作？答案是有回报的时候。那人在什么时候会越来越懒散？答案是没有回报的时候。就这么简单。有回报是激励人们能够持续工作的基础。劳有所得，人们就继续工作；劳而无获，生产就会停顿。

每个人都有经济需求，每个家庭也都有经济需求，关于这一点，无须我时刻提醒。从我自己的经历来看，如果你不处理，邮箱里的账单转眼就会堆积成山：税款、抵押、汽车月供、天然气费、电费、保险费、装修费、学费，乃至旅行支出、电影票费用，等等。

有个小孩问父亲："爸爸，什么是理财天才？"那位父亲不耐烦地回答说："理财天才就是赚钱比花钱快的人。"各种经济需求一直都存在，那可不是奖励、承诺，或轻轻拍拍后背就能满足的。要想搞定它们，只能用真金白银。

当然，你完全可以做一个理想主义者，为了其他一些原因而工作，比如个人提升之类。但扪心自问：我们工作的主要动力是什么？当然是金钱。

人们工作是为了劳有所得。如果回报不公平，或者回报来得太迟，那人们根本就无法保持工作的热情，还会滋生不满情绪，最终放弃工作一走了之。但天道酬勤，人们获得的回报往往与付出成正比。

玛丽亚·桑多瓦尔和她的丈夫埃里塞奥住在墨西哥萨尔蒂约附近的一个小村庄。结婚后的前七年，他们俩的生活一直处于半贫困状态。埃里塞奥在一家大型国有工厂上班，薪水很低。玛丽亚负责照料家人的生活，日子过得捉襟见肘。他们生活的地方经济萧条，没有什么工作机会能让他跳出祖祖辈辈贫困的魔咒。当了解安利事业后，玛丽亚和埃里塞奥立刻就加入了。

在坐满营销伙伴的墨西哥会议大厅，玛丽亚轻声说道："我们是桑多瓦尔夫妇。"埃里塞奥咧嘴笑着，此时他的妻子正在讲述自己成为安利在墨西哥首批营销伙伴的经过。他们是在大约18个月前加入的，在短短的时间内，他们不分早晚地努力着，向同村的居民甚至半山腰土坯茅草房里的农民推销产品。

当玛丽亚和埃里塞奥简短、感人的发言结束后，400多名墨西哥营销伙伴跳起来欢呼。玛丽亚的眼里泛着泪花，她紧紧抓着埃里塞奥的手，夫妻二人穿过舞台，朝我走来。

"狄维士先生，"玛丽亚抓住我的手激动地说，她用英语说的这几句话显然反复练习过，但让我永生难忘，"这是我第一件新衣服，今天新买的。"

玛丽亚穿着一件简单的棉质连衣裙和一双凉鞋。"很漂亮。"我点头微笑，握着她的手向她说道，然后向她丈夫打了招呼。玛丽亚一脸茫然，显然，她看出了我没有听明白她的意思。她转向我的翻译，认真地说了几句西班牙语，然后和埃里塞奥一起望着我。"她想让您知道这是她有生以来买的第一件新衣服，她想表达对您的谢意。"翻译激动地说。看着玛丽亚和埃里塞奥握着手朝我笑着，我终于明白了她的感受。

在没有遇到我们之前，玛丽亚、埃里塞奥和他们千千万万的同胞一样忍受着贫穷的折磨，我们的事业改变了他们的生活境遇。最终他们的劳动获得了回报，玛丽亚平生第一次有了足够的钱为自己添置漂亮的衣服。现在，她身着鲜黄色的衣服站在我面前。在我眼里，她这件黄衣服已经成了一个生动的符号，代表着她的梦想和所赢得的回报。当时，再准确的言语都无法表达我的心情，我只是伸出双臂将他们紧紧抱在怀里。

有意义的工作能赢得他人认可

所有的人都需要得到他人的认可,心理学家将其称为"正能量"。玛丽亚鼓起的钱包,使她备感自豪、独立和自强,也更加积极。而400多位伙伴为她欢呼的力量,同样不可小觑。

看到她因得到他人的肯定而热泪盈眶,看到她接受我们祝福时脸上的灿烂微笑,我更加坚信:回报和认可是硬币的两面,失去任何一面都是不完美的。

罗恩·普伊尔解释说:"安利事业的魅力就在于人们能从中发现自身的美好。我们相互支持,并为每个人的成功而欢呼。"罗恩笑着补充道:"我们的欢呼不虚伪,更不做作,因为我们知道,每个人都是何等的努力。我们知道,要随时具备动力是多么不易。我们每天都工作到很晚,尤其是在生意起步时,付出了大量的时间和精力。所以,当看到别人收获时,我们不惜拍疼手,喊破喉咙,也要为他们的成功喝彩,因为只有这样才是公平的。"

我坚信,来自他人的肯定是一股强大的动力。特别是在今天,人人都渴望得到他人的关注和赞赏,从而帮助自己建立自尊和自信。渴望他人的认同是人性的一部分,也是通往成功的必经之路。

有一次,我在马来西亚的会议上遇到一位政府官员,我告诉他几周之后我们将邀请400名马来西亚的安利伙伴,去美国免费参观迪士尼乐园。"你们为什么要这么做?"他问。"因为我们肯定他们的努力和付出,这是他们应得的回报。"我回答。他盯着我看了一会儿,神情显得很迷惑,后来他终于点点头说:"看来,我们还有很多东西要学。"

无论你是老板还是员工,都没关系。重要的是,我们要怀揣着利他之心,帮助别人成为成功者。你不妨试一下,给你的同事一张感谢卡,或者跟他说声谢谢,看看能带来怎样意想不到的改变。关注别人所取得的成功,激励他们,为他们的胜利喝彩。作为回报,你也将会收获他们的认可和肯定。

有意义的工作催生希望

没有自由、没有回报、没有认可就等于没有希望。为了一个不可能实现的梦想,你能坚持多久?假如梦想无法实现,那这个梦想也就毁灭了。但是,只要有希望,梦想就有实现的可能。

没有任何一种良药比希望更有效,因为它能产生强大的激励和动力。事业的成功和希望是密不可分的:突破自我的希望,改善生活的希望,获得成长的希望,都是我们事业获取成功的精髓。

人们必须对明天抱有希望,否则根本无法有效地开展工作。只有对未来心怀希望,你才能克服当下的任何困难。没有希望的人的内心,只会充满绝望。

正如哲学家普林尼所说:"希望是世界的支柱,是人类的梦想。"我们的未来、世界的未来都依托于心中的希望。

此刻，或许你还没有找到自己的成功之路，或许你的付出还没有得到应有的回报，兢兢业业的工作和创造并没有得到他人的肯定。如果你正处在迷惘期，不妨再来看看罗恩和乔治娅·李的故事。

在俄勒冈州波特兰的一次大型会议结束后，乔治娅·李注意到一对年轻夫妇还站在空荡荡的讲台旁边。此时会场一片安静，参加会议的14000多人已经散去。

乔治娅·李问站在眼前的两人："有什么可以帮你们吗？"

夫妇俩手拉着手，强忍着泪水，一时间不知所措，只是静静地站着。乔治娅·李没有犹豫，握住他们的手，轻声地说："没关系，我理解你们的心情。"

又是一阵沉默过后，小伙子终于开始分享自己的故事。和大多数人的经历一样，他也正在被梦想的破碎和内心的恐惧折磨着。他完成了花销不菲的大学教育，受雇于一家大型工程企业，购置了房产，组建了家庭。然而在某个下午，他在邮箱里收到了一张粉红色的纸条——解聘通知书。

年轻人突然间有些控制不住失望和愤怒的情绪，他的妻子伸出手来安慰他。罗恩·普伊尔注意到眼前的一切，也走了过来。

年轻人低声说："我应该何去何从？我们如何从头再来？"

罗恩面带微笑地看着乔治娅·李，他们的眼睛也湿润了，不过那是快乐和感激的眼泪。罗恩把手臂搭在年轻人的肩膀上，带着自信轻声地再次讲起了自己的故事。

6
为什么要仁爱

> **信条 6**
>
> 常怀仁爱之心是成功创业的奥秘之一。
>
> 所以,我们每天都要扪心自问:"我是否以一颗仁爱之心来对待我的同事、老板、下属、顾客,甚至是竞争对手?"

63岁的伊莎贝尔·埃斯卡米拉住在墨西哥北部的山区。日出时分,她穿上自己缝制的黄色棉裙子,趿拉着废车胎做的凉鞋,拽上沉重的木门,走上两英里路,进城去购买下周的生活用品。

她家的几代人和朋友都在这里的瓷砖厂干活,每天搅拌赤红的黏土,成型、漆彩、上釉、烧窑。

瓷砖厂的老板住在墨西哥城。伊莎贝尔听说他们一家都住在摩天大厦的顶层,想着他们要乘电梯到50多层的高楼才能上床睡觉,她就觉得好笑。多年来,她只见过这个大人物一眼。当时一辆加长的黑色豪华轿车疾驶而过，卷起了一阵灰尘。

伊莎贝尔一家都以能在厂里工作而自豪。尤其是在许多人因旱灾而失业的这些年，他们更庆幸自己能拥有这样一份工作。尽管如此，伊莎贝尔还是经常梦想全家，尤其是可爱的孙辈们，有一天能过上更好的生活。为此，她常常彻夜难眠，在稻草席上辗转反侧，担心他们会像自己一样，一辈子都只能沿着那条满是灰尘的小路到山下的瓷砖厂辛勤劳作。

她并非没有感恩之心，但瓷砖厂的薪水实在太低了，只能供孩子们读到小学六年级。如果他们辍学到瓷砖厂工作，找烧窑用的灌木树枝，或者挖掘、运输黏土，长大以后就不可避免地要像他们的父辈一样，在工厂里消耗自己的生命。

什么是仁爱？

什么是仁爱？追求经济效益和仁爱是否背道而驰？

事实上，仁爱和社会进步并不冲突，相反，它符合每一个人的利益。

"仁爱"（compassionate）的字面意思是"深深同情他人的不幸或伤痛，并渴望帮助他们减轻痛苦，走出困境"，它的反义词是无情或冷漠。从这个含义中我们不难发现，仁爱包括情感和行动两个层面。

我所喜爱的系列漫画《花生》中，有个故事给我留下了特别深的印象。一个暴风雪之夜，小狗史努比躺在屋顶上，就快要被大雪淹没了。露西透过窗户，看到它被冻得缩成一团，又饥又渴，不禁为它感到难过。"圣诞快乐！史努比，衷心祝福你！"她在暴风雪里大声喊着，然后回到熊熊燃烧的炉火旁，呷着热巧克力。莱纳斯也看到了史努比的境况，与露西不同，他穿上衣服，戴上手套，把热腾腾的火鸡和干净的衣物带给了史努比。

露西和莱纳斯都对史努比产生了仁爱的情感，然而只有莱纳斯有仁爱的行动。仁爱的情感必须付诸仁爱的行动，才能产生真正的效果。如果有人帮助你，却不是发自内心的，你会作何感想？

因为责任感去做某些事情并没有什么不妥的，但是它不同于仁爱。真正的仁爱贯穿我们的一生，它意味着对某人或某事深表遗憾，然后热情地帮助他人解除痛苦或者减轻伤害。仁爱是感情和行动的综合体。

现在我想问个苛刻的问题：为什么有人关心别人的疾苦，采取了仁爱的行动，有人却仅停留在嘴边？你是否曾经制订了计划而没有坚持下去？你是否曾经为他人的不幸感到难过，却没有付诸行动去实施帮助？

仁爱是开拓自己的事业和振兴世界经济的基础。经济的持续发展，需要我们学会关爱自己的地球家园和在这颗星球上生活的人们。

自由和关爱是不可分割的。威廉·赫兹里特说："爱自由，就是爱别人。"萧伯纳则说："自由意味着责任。"正是责任，成为许多人恐惧自由的原因，而仁爱就意味着不惜一切代价为他人和世界担负起责任。

心怀仁爱

本杰明·拉什 15 岁时就找到了自己的人生信条——"为人类的福祉贡献自己的智慧和财富"。而他也以毕生的行动履行着自己的诺言。在取得医学学位后，他撰写了反对烟草、烈酒和奴隶制的宣传册。后来，他建立了美国首家免费的医疗机构费城医疗站，开始研究精神疾病和精神病患者的人性化治疗。此外，拉什还倡导种植制糖用的槭树，从而解放那些生产西印度蔗糖的奴隶，并主张在全美国范围内设立公立学校。在费城医治黄热病时，拉什甚至险些丢了性命。

而今，数百万的社会企业家正追随着本杰明·拉什的脚步，全力以赴为人类的福祉贡献自己的智慧和财富。所以，我们应该感谢卡耐基、丹佛斯、福特、凯洛格和洛克菲勒，以及其他成千上万知名或不知名的企业家。

安德鲁·卡耐基被称为仁爱主义的信徒。马克·吐温是第一个称他为"信徒"的人，他半开玩笑地致信这位钢铁大王，让他支付 1.5 美元稿费用于捐赠。不知卡耐基是否真的把钱寄给了马克·吐温，不过他向 J.P. 摩根出售钢铁公司后，就倾情于资助那些有需要的人。

卡耐基曾写道："富人的责任，就是要成为一个谦虚、朴素且不炫耀、不奢靡的榜样，并持续不断地为有需要的人提供适当的帮助。"他的话说出了仁爱企业家的心声。为了实践自己的主张，卡耐基于 20 世纪初创办了卡耐基技术学院。以此为基础，他向家乡苏格兰及美国各地的研究和教育机构捐资捐物。公共图书馆是卡耐基最钟爱的捐助项目，到 1918 年为止，他在全美国各地的城市和小镇建立了 2500 多座图书馆。

约翰·哈维·凯洛格博士和威尔·凯洛格兄弟出身贫寒。凯洛格博士是哥哥，在密歇根州巴特尔克里克的一家疗养所担任主治医师，威尔在后勤部门任职，兼任业务经理和杂务。

作为一名绝对的素食主义者，凯洛格博士开始试验种植各种谷物，研究比传统素食更吸引人的特制美味食品。弟弟威尔·凯洛格则是他最富创意和活力的伙伴。他们共同开发了一系列新型食品，包括花生酱和预先烹制的谷物片。后来威尔·凯洛格又利用切片、膨化、酥脆、油炸和爆炒等方法加工大米和小麦，开发出了种类齐全的系列产品。这位集管理和营销能力于一身的天才很快建立起了价值百万美元的"早餐王国"。

威尔·凯洛格的事业不断发展，在写给朋友的信中，他阐述了自己对仁爱的认识："我希望自己所积累的财富能够用于造福人类的事业。"于是，他在身边开展慈善活动，资助有益于工人的娱乐和社会活动。就算在经济大萧条早期，他也让生产线上的工人每天只工作 6 小时，并在 1935 年将之定为永久制度。

1925 年，威尔·凯洛格 65 岁，他创办了友爱伙伴公司，并以匿名的方式捐赠财物。他的首批捐助项目包括农业学校、鸟类避难所、实验农场、再造林计划、巴特尔克里克市民剧院、托儿所、农贸市场、童子军训练营以及数百项奖学金。1930年，他设立了第二个基金会，专门提供儿童福利。到今天，威尔·凯洛格的基金会已跻身世界最富有、最慷慨的慈善组织之列，基金总额高达几十亿美元。

威尔·凯洛格曾写道："一个慈善家应该为自己所爱的人做些有益的事情。我喜欢为孩子们做些事情。"

仁爱企业家

历史上有很多伟人，他们一旦看到别人有需要，就会用勇气和仁爱之心去满足对方。他们追求的是为人类服务，而不是为自己获取经济利益。成为一名优秀的企业家，不仅是对自己创造力和潜能的挑战，也是对自己是否懂得如何去改善自身及周围人们的生活的一种考验。

企业家代表着一种观察方式，即看到需求，并满足需求，无论需求是肥皂还是服务。事实上，企业家精神和仁爱意识是相辅相成的。

仁爱的企业家在商业活动中赚取利润，但每一步都以仁爱为指导原则。纵观历史，仁爱先行者在各行各业都是存在的。

爱德华·琴纳是一位18世纪的英国医生。当时欧洲天花肆虐，几乎每个人都难以幸免。有近1/3的人死于该病，逃过此劫者脸上也落下了永久的瘢痕。琴纳从奶牛场老板那里得知，挤奶工由于整天和奶牛打交道，会患上一种被称为牛痘的疾病，染上这个病的人就会对天花免疫。于是，琴纳据此开始研究疫苗，并在成功后将成果无偿地献给全世界。最终，他挽救了整个欧洲的命运。英国议会为了感激他，特别奖励了他一笔奖金。

琴纳去世前3年，另一位伟大的仁爱先行者诞生了，她就是弗洛伦斯·南丁格尔，一位出生于意大利的英国人，医护事业发展的先驱和奠基人。她出身于富裕之家，用不着为生计而工作，但她却偏偏选择了充满危险和无偿付出的医护工作。

病房里糟糕的医护条件震惊了南丁格尔，于是她亲自重建了整个医护体系。她受过良好的教育，聪明能干，打破了当时社会对妇女的传统印象，赢得了英国乃至全世界人民的爱戴。

我们往往只记得男人们在历史上所展现出来的勇气和爱心。但自1776年以来，美国涌现了很多富有勇气的女性先行者。

阿比盖尔·亚当斯是美国第二任总统约翰·亚当斯的妻子，第六任总统约翰·昆西·亚当斯的母亲。她利用自己非凡的写作才能，推动了美国妇女解放运动的发展。

简·亚当斯因其在援助贫困妇女儿童方面作出的创造性贡献而获得了诺贝尔和平奖。她在芝加哥开办了"赫尔官协会"，这个庞大的机构专门帮助穷人，救助饥饿者，给无家可归的人提供住所，还支持贫困儿童教育事业。其他领域的企业家和艺术家也纷纷投身"赫尔官协会"，支持亚当斯的仁爱行动。

苏珊·布劳内尔·安东尼是倡导让妇女拥有投票权的改革家。她为1920年美国宪法第十九条修正案的通过铺平了道路。

克拉拉·巴顿是一位人道主义者，同时也是美国红十字协会的创始人，享有"战地天使"的美誉。

哈里耶特·比彻·斯托是《汤姆叔叔的小屋》的作者，她是坚定的废奴主义者。

赛珍珠是《大地》的作者，她的部分小说与她在中国的生活经历有关。1938年，她获得诺贝尔文学奖。后来，她将自己的全部财产捐献给赛珍珠基金会，以便她在辞世之后，仍旧能够继续她的仁爱事业。

雷切尔·卡森是著名的生物学家，她的作品关注环境污染。她在获得美国国家科学技术图书奖的《我们身边的海洋》一书中，向同时代的人表达了对海洋污染的关注。

我在任职于里根总统设立的艾滋病委员会期间，结识了66岁的露丝·布林克尔。她来自旧金山，虽然年事已高，但感觉自己还有能力改变一些现状。1984年，她的一位年轻的建筑师朋友染上了艾滋病。朋友虚弱得连爬到冰箱边拿出冷冻的食物都不行，这彻底震撼了她。就在那一年，她创立了"援手计划"。每天早上，露丝都会去市场买些廉价的蔬菜，然后做成食物，挨家挨户地分送到艾滋病患者的手中。她回忆说："有些人实在太瘦弱了，要靠爬才能到门口开门。""援手计划"从最初的7个服务对象，很快发展到每天要分发8000份食物。我第一次听到露丝的事迹时，她正在向每年筹集100万美元的目标努力。

《时代》杂志在介绍露丝·布林克尔时讲述了一个故事。新年前夕，两位艾滋病患者无助地坐在狭小的公寓里，期待着能坚持过完自己最后一个新年。突然门铃响了，一位"援手计划"的志愿者站在门口，手里提着一个用彩带和气球装饰着的盒子，里面装着捐赠的香槟、比萨饼、奶酪、巧克力糖、一顶帽子和一个喇叭。看到这些，两个人都激动得哭了。

无论哪个地方，都有像本杰明·拉什、安德鲁·卡耐基、凯洛格兄弟和露丝·布林克尔一样的人，他们以仁爱之心伸出援手，救助那些被人们遗忘的、处于困苦之中的弱者。

然而，仁爱对你来说，究竟意味着什么？谁是你心中的仁爱企业家？他们如何改变了你的生活？你能以他们为榜样改变自己吗？你如何才能做得更好？

现在，让我们再次回到墨西哥北部，聚焦在63岁的农妇伊莎贝尔·埃斯卡米拉身上。我遇到伊莎贝尔时，她由于长年累月的艰苦劳作，又身兼妻子、母亲和祖母的职责，背都有些驼了。她生活在贫困和无尽的绝望之中。人们不是没有仁爱之心，恰恰相反，多年以来，由仁爱企业家支持的援助人员多次在困厄时期来到这个与世隔绝的村子，帮助伊莎贝尔和其他村民。

伊莎贝尔一家对来自荷兰的红十字会志愿者心怀感激，因为他们几乎每个夏天都在村里开的诊所里为居民提供医疗服务。她经常想起1983年地震后来帮助他们重建家园的那群年轻人的微笑，想起乘飞机降落在村里足球场上的和平组织的志愿医生，想起为孩子们接种疫苗的联合国儿童基金会的护士,以及其他为村子捐献金钱、食品和贡献技术的人们。几十年来,人们一直在帮助这个村子改善生活条件。

她感谢所有的人。不过当这些人的工作结束并下山时,她感觉自己比以前更加无助。"授人以鱼不如授人以渔",伊莎贝尔多么希望能找到一个途径,从根本上改善自己以及她所爱的人的生活。

一个春日,伊莎贝尔·埃斯卡米拉遇到了我们的一位营销伙伴胡安妮塔·阿沃拉德。当其他人倾听胡安妮塔的故事时,伊莎贝尔就安静地坐在一个角落里,她从没想过自己能够从事这项事业。不过,在听完讲解后,希望从她心头油然而生。

朋友和邻居都认为她很荒唐:为什么满头白发的老太太会想在墨西哥山区销售汽车增光剂?她告诉他们:"这是一款不错的产品,这就是理由。它物美价廉,能防止划伤,让旧货车和小汽车看起来像新的一样。"邻居们只是一笑了之。但不久以后,伊莎贝尔的村子里本来破旧不堪的汽车真的闪亮如新,一如她充满希望的眼睛。

我见到伊莎贝尔时,她正站在墨西哥蒙特雷会议中心的讲台上,下面是数百名欢呼雀跃的墨西哥安利伙伴。她哭了,喃喃自语:"我的梦想成真了。"

为什么我要以伊莎贝尔·埃斯卡米拉的故事作为本节的结束?因为从她的故事里,我们了解了仁爱的真正含义。来自红十字会、联合国儿童基金会、和平组织以及其他社会服务机构的志愿者，以他们的方式诠释着什么是仁爱。而胡安妮塔·阿沃拉德同样是具有仁爱情怀的企业家，她为伊莎贝尔提供了一条自力更生的道路。

7
为什么要建立自己的事业

> **信条 7**
>
> 拥有自己的事业,是实现个人自由和家庭财务独立的最佳途径。所以,我们应该认真考虑"创业",或者将"创业精神"注入现有的事业和工作中。

8 岁的蒂姆和他 10 岁的哥哥麦克紧紧抓住父亲的手,一同走向伊利诺伊州斯科基市附近的游乐场。才 10 点,那些早已兴奋的孩子们就迫不及待地拉着父母,穿过停车场,加入到一条长长的队伍中,兴高采烈而又着急地等待着游乐场开门。

蒂姆的父亲打开售票厅的后门,开始播放音乐。"疯狂老鼠"、旋转木马、摩天轮、过山车都犹如士兵听见了起床号角,仿佛一下子有了生命。

蒂姆喜欢周六跟家人一起泡在游乐场。"每年夏天我父亲都很忙，如果我想跟他待在一起，"他回忆道，"就必须陪他去游乐场工作。我的父亲就像他的父亲和他的祖父一样，是一个相当独立的人。他极具创业精神，渴望自力更生。"

"星期一到星期五，父亲白天推销房产。工作日晚上以及周末，他就帮兄弟和姐夫打理游乐场和高尔夫球场。虽然那不是迪士尼乐园，"蒂姆笑着补充道，"但也是我们全家可观的经济来源，而且让我有机会和家人共同创业。"

古人云，"有其父必有其子"，8岁的蒂姆已经是一名小企业家了。周六在游乐园时，他可不只是坐在那儿无所事事。相反，他会向小孩兜售气球、纸风车和消防帽。他和他的兄弟姐妹，没有一个是被强迫工作的。因为流淌在家族血液中的企业家精神使他们善于抓住各种机会。

12岁时，蒂姆"升级"了，开了一个零食摊，卖奶昔、冰沙、热狗，还有棉花糖。从那时起，他就正式在游乐场工作，甚至还要操作"疯狂老鼠"。这可是"最重要的职责"。蒂姆笑着解释说："如果我不能及时地制动，乘坐者可能会因此丧命。"

在性格成长的关键期，蒂姆一直看着父亲工作。"他是游乐场的所有者，"蒂姆回忆道，"为了让游乐场变得更好，他愿意付出任何代价，他不想让顾客失望。他工作勤奋，双手经常是脏的。如果有什么东西要修理，父亲总能在第一时间就把它修好。如果有什么东西要尽快上漆，父亲也是自己动手。对他的孩子们以及游乐场的年轻员工而言，父亲的工作态度和敬业精神无疑是巨大的榜样。"

后来，蒂姆·弗利去了普渡大学的橄榄球队。秉承父亲"要么不做，要做就一定做好"的精神，他成为全美知名的学生运动员。在1970年美国职业橄榄球大联盟（NFL）的选拔中，蒂姆被选入了由唐·舒拉任教的迈阿密海豚队。11年来，蒂姆在迈阿密为自己闯出了名声，包括1972年历史性的不败纪录，1973年捧得"超级碗"——那年，不被看好的迈阿密海豚队击败华盛顿红皮队获得了冠军。蒂姆·弗利还在自己的第10个赛季入选美国职业橄榄球大联盟全明星赛。退役后，他加入特纳广播公司，做了一名大学橄榄球比赛解说员。

"聪明的人都知道，名声是一时的。"蒂姆告诫说，"我早就知道，自己不可能在迈阿密海豚队工作到65岁，所以我在巅峰时期就开始寻找商业机会，以便让家人未来有一定的经济保障。在迈阿密的11年里，我投资过房地产，赔钱了；投资过股票，又赔钱了；投资过黄金和贵金属，还是赔钱。最终，我投资了健身房和壁球球场。尽管生意繁荣了一阵，盈利达到21%，但新会员增长速度过慢，最终，还是不得不结束了。"

今天，蒂姆和妻子成功地经营着安利事业，朋友遍及世界各地，他们的梦想正在逐一实现。

你是否也曾梦想创业或者正在创业中？

什么是企业家？

"企业家"（entrepreneur）一词来自法语，意为"勇对挑战者"，原指负责组织和策划音乐会的人。如今这个词指代那些能够发现某种商业需要，并为满足这些需要而尝试创业的人。

企业家并不专属于某个特定的人群，年龄不是障碍，表演话剧的、投递信件的、搞摇滚或照看婴儿的年轻人，还有头发花白的老年人，都可以成为企业家；性别也不是问题，男性和女性拥有同样的创业精神和天赋。除非自我设限，否则企业家之路上并没有不可逾越的障碍。

美国经济大萧条时期，我还是个孩子。由于股市崩盘，我父亲也失去了收入来源。在那之前，我的父母贷款了6000美元在密歇根州大急流市建了一栋美丽的小屋。虽然现在6000美元根本算不上一笔巨款，但在那段艰难的日子里，父母却没有能力支付贷款，他们不得不以每月25美元的价格将房子出租。我们一家人无路可走，只能借住在祖父家的阁楼上。为了一家人的生计，父亲每周六都会到男装店卖袜子和内衣。从那时起，父亲给我的建议就只有简单的一句话："要拥有属于你自己的企业，理查，这是让你在经济上摆脱束缚的唯一方式。"

10岁时，我的创业精神就觉醒了。为了帮父母还债，我开始了"第一次创业"。如今，赚点外快依然是大部分创业者的最初动机。但对我来说，创业不仅仅是为了付清账单。我仍然记得顾客付给我劳动报酬时，我心里的那种激动和骄傲。

上小学和初中时，我用自己除草、修剪草坪、洗车以及在加油站工作赚的钱买了一辆自行车。靠那辆崭新的黑色自行车，我成了当地报社的一名送报员。直到现在，我依然记得每天骑着它到鲍尔特先生的干货店去取报纸的情形。当时，那辆车子前后都装着重重的报纸，骑起来并不容易。最初，顾客看到我摇摇晃晃地朝他们骑来，都会害怕得捂上眼睛。说实话，我自己也很害怕。但星期六的早晨，当我与其他报童站在鲍尔特先生的办公桌前领到35美分的报酬时，我的兴奋感油然而生，骑车带来的恐惧也烟消云散了。

上高中时，棒球队教练发现我是左撇子，就邀请我加入球队，用左手来短打。尽管我非常热爱这项运动，但我不得不拒绝他。我要赚钱补贴家用，根本没有时间练习棒球。周一到周五课后，我在男装店工作。到了周末，我又要到离家不远的一座大型加油站洗车，每洗一次车，老板都可以赚1美元，而我拿50美分。我干活的速度非常快，不仅擦拭车门和车窗，还清理车门和仪表盘下面的灰尘，要知道，大部分洗车工人并不会这样做。后来，客户也注意到了这个细节，有时会给我一些小费。

我工作很努力，赚的钱也比想象的要多。我认识的企业家对工作都抱有积极的态度，他们有时会说"工作就是工作"，但他们也会告诉你，对他们来说，大多数工作都很有趣。

工作有时候会让人感到厌烦，但并非一定如此。你可以选择沦为工作的奴隶，无休止地抱怨、憎恨；也可以今天就决定是为自己工作还是为别人工作。你完全可以成为一名企业家，将你的工作变成你人生中不断成长、发现、获得报偿和奉献爱心的机会。

过去的企业家

为了更好地理解为何要努力工作，理解企业家精神如何引领你走向成功，就必须温故而知新。回首过去，那些在更艰苦、机会更少的环境中仍旧充满勇气、坚持不懈，或因拥有天赋而成为企业家的人，无一不激励着我们。

这些人生活的年代虽然距我们很遥远，但他们之所以被称作企业家，是因为从某种意义上说，他们是现代企业家精神的"源头"。他们的刻苦创新不但为世界作出了无法估量的巨大贡献，而且为后人创造出无数的机会。

那么，哪些人属于这样的"企业家"呢？

中国古代的蔡伦就是其中之一，他在公元 105 年发明了造纸术。在此之前，几乎所有的东西都写在竹简上，书变得非常笨重，区区几本就需要动用马车来搬运。

蔡伦的发明所产生的巨大价值很快得到了人们的广泛认同。可以说，这项发明为中国带来了翻天覆地的变化，书籍从此变得轻巧，崇尚学习的风气在全中国迅速形成。

15 世纪初，一位极具创新才华的德国金匠约翰内斯·谷腾堡，在美因茨城完善了一系列发明，比如铅活字版，可以精确而快速地印刷各种书籍。从蔡伦时代到谷腾堡时代，创新层出不穷。但从谷腾堡的发明开始，世界前进的步伐明显加速。印刷技术的不断改进，成为造就现代社会的重要事件之一。

从某种程度上来说，造纸术和印刷术为人们成为企业家提供了可能性，因为信息的传播更加容易了。介绍性书籍是第一批印刷品。这些书籍的内容包罗万象，从冶金到制药，从精湛的建筑技术到良好的礼仪行为。人们通过书本学习如何去做事情，甚至学会了将别人的想法与自己的理念结合在一起，使自己成为创新者。

英国人詹姆斯·瓦特就是这么做的。他设计了世界上第一台实用蒸汽机，并在1769年获得专利。他注意到传统的蒸汽动力设备做工粗糙，就进行了一些重要的改进，他加入了全新的创意，将自己的好奇心转变成一种有价值的工具。这是一项非常伟大的发明，将工业革命的发展全部归功于它也毫不为过。因为，只有在动力得到保证的前提下，各种产品或工作才能够完成。

托马斯·阿尔瓦·爱迪生，是人类有史以来最伟大的发明家。他只受过三个月的正规教育，还被老师认定是个迟钝的孩子。但到他去世时为止，他已经拥有超过1000项专利，并且十分富有。

1879年灯泡的发明充分体现了爱迪生的企业家精神。也许你会认为发明灯泡仅仅是爱迪生脑海中灵光一闪的结果，但事实上，它是经过了爱迪生长时间、系统化的思考才出现的。爱迪生的这种发明方法就是我们现在所熟知的"研发"流程的雏形。

爱迪生对于发明有六条规则。即使你不觉得自己能发明出像灯泡这样可以改变世界的东西，但只要你有梦想，就应该留意一下他的这些规则：

1. 制订目标，并坚持下去；
2. 明确实现目标的步骤，并遵循这些步骤行事；
3. 详尽地记录每一步的进展；
4. 与同伴分享成果；
5. 确保参与项目的每个人都清楚自己的职责；
6. 记录所有结果并善于分析总结。

爱迪生的这种解决问题的系统化方法已经被科学家们应用了很长时间。然而，爱迪生的可贵之处还在于他将该方法应用到市场中。爱迪生不仅是一位发明家，同时也是一位企业家，他对卖不出去的发明从来不感兴趣。爱迪生的发明团队组建了世界上第一家工业实验室，这在当时的美国是独一无二的。在他的实验室成立后不久，很多其他的科研团队也纷纷效仿，成立实验室，其中就包括贝尔实验室以及通用电气研发实验室。

爱迪生获得留声机专利的前几年，一对兄弟分别在印第安纳州和俄亥俄州出生了，他们后来一起做自行车生意，并且取得了成功。作为企业家，他们做得不错，但让他们一举成名的，是他们的业余爱好：飞行。这两个人就是莱特兄弟。

1899年，兄弟二人在如饥似渴地读完当时关于飞行的所有资料后，决定自行研究飞行的解决方案。1903年，他们制造出了世界上第一架飞机。兄弟二人在建造多架滑翔机后，成为世界上经验最丰富的滑翔机飞行员,成功飞行超过 1000 次。

丰富的飞行经验,让他们找到了解决问题的根本——控制。在对飞机的空中盘旋方式进行设计后,他们将一种自行设计的轻型发动机装配到飞机上,这使其成就永载史册。1906 年,他们被授予第一项飞机专利。

美国人亚历山大·贝尔 1847 年出生于苏格兰,是与爱迪生齐名的另一个在 19 世纪末期将发明和产品开发资本化、产业化的典型。1876 年,贝尔发明了电话,电话在同年的费城世界博览会上一经展出,就立刻引起了轰动。当时,贝尔向美国最大的通信公司——西联电报公司开价 10 万美元的专利转让费,遭到了拒绝。

第二年,贝尔成立了自己的公司,一下子大获成功。他的这家公司就是我们所熟悉的美国电话电报公司(AT&T)。1879 年 3—11 月,贝尔公司的股票从每股 65 美元涨到了每股 1000 美元(这时,西联电报公司为自己当初的决定后悔不已)。1892 年,纽约和芝加哥实现了电话通信。到 1922 年贝尔去世时,电话在美国已经相当普及,以不可想象的速度,实现了从新发明到日常通信工具的转变。

19 世纪还涌现出一批对我们的日常生活产生重大影响的企业家,其中一位也许并不为人所熟知,但他却是"汽车文化"的鼻祖——德国发明家尼古拉斯·奥托。奥托在 1876 年发明了第一台实用汽车发动机。这种内燃发动机与电动机一样很快被小型工厂和店铺采用,随后迅速被应用到电动泵、缝纫机、印刷机、电锯等各种设备中。如果以今天的标准来衡量，无论是在重量还是在尺寸上，它都太大了，但这依然是对蒸汽机的重大改进。

戈特利布·戴姆勒是尼古拉斯公司的一名年轻员工。戴姆勒后来与卡尔·本茨成为朋友，两人利用奥托设计的发动机制造汽车，并用汽车经销商女儿的名字"梅赛德斯"为汽车命名。

1908 年，亨利·福特应用奥托的内燃发动机生产出了 T 形车。仅仅 5 年后，在美国注册的汽车就高达 125.8 万辆！福特生产寻常百姓买得起的汽车，销售数量屡创新高。仅 25 年后，在美国高速公路上行驶的汽车就已高达 3600 万辆。

汽车改变了整个美国，成为美国国民经济的支柱产业，并为上百万的美国人提供了创业机会。制造汽车需要大量原材料，于是人们就去生产这些材料，包括钢铁、玻璃、铝合金、橡胶、电线、油漆、装饰布料等。此外，汽车的行驶还需要道路、桥梁以及隧道，需要技术工人维持其正常运转，需要加油站加油、保险机构提供保险，等等，连带产生的企业简直数不胜数。

汽车的普及，还催生出一些全新的产业：汽车旅馆、度假旅游区、路边咖啡屋、活动房屋等。它们都为美国文化注入了新的基因。

如你所见，广受认可的消费品大多来源于最新的创造发明。可以说，企业家精神无处不在，且创造和革新的步伐在当今世界正迅速加快。

如今的企业家

千万别以为伟大的创业时代已经结束了。如果你创业的欲望一直蠢蠢欲动,别犹豫,现在就是创业最好的时代,过去10年里实现并投入使用的新想法比过去一百年加起来的还要多。

事实上,创业精神始终存在于每个年龄段的人们心中。很多知名的企业家在最初创业的时候都还是毛头小子呢。千万不要因自己资历浅、贫穷或缺乏经验而放弃创业的想法。

有一家成功的企业,是由两名爱吃零食的高中生创立的。他们最初想做百吉饼,但设备太贵,只能转做冰激凌,为此他们还花了5美元报名参加制作冰激凌的函授课程。

他们投入了自己所有的钱,还向亲朋好友借了一些,运用新学到的技术,在廉价租来的废弃加油站里开了第一家店。几年以后,他们的冰激凌销售额超过了2700万美元。

你是否听说过两名在车库里制造电路板的加利福尼亚学生?他们卖掉了一辆大众汽车和一台计算器,凑齐1300美元的启动资金,期盼着能在起步阶段卖出100块电路板。但当两人拿着辛苦造出的电路板来到朋友的计算机商店时,朋友却对电路板并不感兴趣,而是需要50台组装好的计算机。那时还没有个人电脑,于是他们二人决定回去自行开发。起初的销售非常缓慢,他们开始灰心,但他们并没有放弃。他们的公司最终取得了成功,这就是闻名遐迩的苹果公司的前身。如今,苹果公司的年销售额早已超过10亿美元。而这两名学生，就是史蒂夫·乔布斯和史蒂夫·沃兹尼亚克。

你是否觉得这些成功的故事高不可攀？10亿美元的销售额，如果是我，成功的概率能有多少？别灰心！只要竭尽全力，你完全可以在从来没有想过的道路上取得成功！同时，你也无须认为只有建立销售额超过10亿美元的公司才算成功，成千上万小企业的创业者也是相当成功的。

在这些小企业中，有一家企业的创业方式非同寻常：几个孩子成功地将粪便变成黄金。

这些孩子发现，当地人需要肥料来为草地和花园施肥，但是专门去买肥料太麻烦了。基于这一简单但重要的发现，孩子们有了一个想法：为什么不把肥料包装起来，卖给有需要的人呢？

他们向父母请教，掌握了将牛粪做成肥料的方法，然后又与当地的奶农建立了联系。奶农非常欢迎孩子们来清理牛圈，并愿意以这种"天然"的肥料作为报酬。于是，孩子们将收集到的粪便运回家中，进行加工、包装，并销售给附近的居民。

经过一段时间的努力，他们的生意火爆起来，粪便变成了"黄金"。他们集资成立了一家公司，后来又投资房地产，最终获得了丰厚的回报。

几年前，一位只有12岁、名叫罗杰·康纳的年轻人来到当地的一家花店，询问花店主人是否愿意招收免费的学徒，花店主人同意了。于是，每天放学后和周六罗杰都去花店打工。两年后，他要求对方支付少许工资，花店主人以他做得不够好为由拒绝了他。罗杰便去了另一家花店，但很快也被解雇了。

后来，他决定为自己工作。15 岁时，罗杰投入 65 美元，开始做自己的鲜花生意。为了存放鲜花，他还特意到旧货市场买了一台旧冰箱。上乘的质量和服务让他声名大振，他的生意在很短的时间内就取得了巨大成功。于是，他将自己当学徒时的花店买了下来，后来又把他工作过的第二家花店也买了下来。

企业家保罗·霍肯曾说："有些伟大的念头最初看起来可能并不优秀，所以被搁置一旁。"为此，他建议年轻的创业者千万不要为自己的经营理念听起来奇怪、疯狂或晦涩而感到焦虑。

企业家精神中重要的就是想象力。企业无论大小，通常不会因为缺乏资金而受到限制，但一定会受限于创造力。你是否经常自问：我为什么没有类似的想法？其实，只要用心去想，你就能想到。

趁我们还在讨论创造力，我想说明一点，企业家精神并不是尔虞我诈、互相残杀，而是需要有丰富的想象力和创造力。而好的想法，来自对社会需求的认知。

在工作中发挥创业精神

从孩提时代到风烛残年，我们都会被一些重要的问题所困扰：

1. 我怎样才能更富有，更有安全感？
2. 什么样的工作让我自我感觉良好？
3. 我的梦想是什么？为什么还没有实现？
4. 创业会帮助我解决这些问题吗？
5. 如果可以的话，我应该从哪里起步？

诚实、勇敢地回答这些问题，对于大多数人来说已经是迈出了最激动人心的一步。他们开始认真审视自己的不满与梦想，想要得到自由，想成为自己的老板，掌控自己的生活，让自己以及所爱的人在经济上得到安全感，就要立刻行动起来，结束这种让自己始终感到孤立无援和疲于奔命的恶性循环。而对于成千上万的人来说，这些问题的答案就是：创立自己的事业。

克里斯·切雷斯特曾有一份很好的销售工作，妻子朱迪是一名教师。每当妻子休息的周末和假期，克里斯都会显得异常忙碌。"我们几乎见不到彼此，"他回忆道，"我们的生活节奏永远不合拍。所以，我们开始梦想拥有自己的事业，肩并肩一起工作。我们本来对未来有着美好的规划，但这种'天各一方'的生活方式，不仅让我们不能完成梦想，还让我们夫妻越走越远。最终，我们决定放弃各自原有的工作，尝试创业。事实证明，在一起工作的日子是我们一生中最美好的时光。"

我遇到鲍勃和杰姬·贞德之前，他们在马里兰有一家自己的高级餐厅。他们的餐厅得到了美食评论家的高度好评，还获得了10座餐饮业的金杯奖。鲍勃的同行也认可他的才干，推选他担任华盛顿餐饮协会主席。

按理说，鲍勃应该感到开心，但大多数时候，他痛苦难忍、疲惫不堪。他总是废寝忘食地工作，几乎没有休息时间，休假更是一种奢望。每天他都要面临各种压力：定制菜单，寻找新鲜、质量可靠的食品原料，雇用及培训新员工，反反复复、精益求精。鲍勃回忆说："当时，我急需一份能找回自己生活的职业，我也清楚重新开始并不是一件很容易的事情，但我必须这样去做。"

如今，鲍勃和杰姬已经拥有了非常成功的安利事业，他们的成功是不能用金钱来衡量的。他们有更多的时间在一起，或者与两个孩子相聚。可支配的时间，还让他们更有精力投入慈善事业中。

25年前，阿尔·汉密尔顿是一名技术精湛的车床和模具制作工，年薪近两万美元。"这份工作并不是最赚钱的，"阿尔回忆道，"却是我最擅长并且很愿意做的事，尽管干这行永远不会有太大的出息。直到有一天，我和妻子弗兰坐下来仔细琢磨我们的钱都用在了哪里。细数各项开销——孩子的学费、加油费、停车费、午餐费、税费等之后，我们才意识到无论多么努力工作，或者工作多长时间，日子都会捉襟见肘。"

"我们并不想挣大钱，"弗兰补充道，"最初，我们只想买一栋小房子。之后，我们的小生意开始大有起色。对我们来说，创业毫无疑问需要很大的勇气，但恰恰是一点点勇气和努力的付出，让我们获得了经济上的安全感,也获得了自由。"

吉姆和朱蒂想在箭头湖边修建一所住宅,这里的海拔高于雾蒙蒙的洛杉矶盆地,空气清新。当朱蒂还是个孩子时,她就常常跟父母一起去湖边避暑,那时候,她就梦想着在这里安家。

而对于沃尔和兰蒂·霍根夫妇来说,他们的梦想就是有一天把家安在远离城市压力和喧嚣的高山上,在那里可以俯瞰盐滩、大盐湖以及犹他州奥格登城的全景,长尾鹿游走于嶙峋的石壁间,山羊在峡谷中自由漫步。那是多么美妙的生活啊!

艾里克在日本娱乐界成名后,开始思考他的生活是否还有进一步改善的可能。在大多数人眼里,他是绝对的人生赢家,只有他自己知道,他每天都陷在失落里,无法自拔。艾里克回忆说:"我演出,就是为了得到报酬;不演出就没有收入。为此,我不敢生病,不能停下,更不必说抛开一切去休假了。我希望过上一种更好的生活。"

伊藤绿出生于日本一个富有的权贵家庭,并且拥有非常成功的事业。他回忆说:"我靠佣金过日子。如果放缓脚步,选择休假,得到的佣金也会随之减少。"

最终,艾里克与伊藤绿决定离开原来的高薪职业,开始创业。一开始,没有人能理解他们,但如今,艾里克与伊藤绿经营的安利事业在日本已经相当成功,他们不但富有,而且有同情心,还拥有让人羡慕不已的自由。

马克斯·施瓦兹与父母一起居住在家庭农场中,这是一个距离德国慕尼黑 90 千米的村庄。和很多人一样，马克斯的梦想是开一个电器行。就在他完成学业，即将参加考试的时候，家里发生了一起悲剧，他亲爱的姐姐撒手人寰。经历了长时间的悲痛后，马克斯的父母对他说："你不要参加电工考试了，你是我们唯一的儿子，你要把农场撑起来。"几十年后，马克斯依然还记得那些让他"梦想破碎"的日子。

可以想象很多曾经梦想拥有自己企业的年轻人，最终还是不得不拿起锄头、喂养马匹的情景。尽管十分沮丧，但是马克斯却不愿放弃梦想，他和妻子给农场增添了 1000 只鹅、200 只兔子、几条狗。尽管如此，他们并没有取得成功。他们还尝试出售改造后的房子，又失败了。目标触手可及，却总是事与愿违。但他们仍不放弃，不断地从失败中吸取教训。如今，他们已经拥有了一份成功的安利事业。现在，除了在家庭农场中种植土豆和谷物外，他们还圆了饲养马匹的梦。他培育的第一匹冠军马"王冠大使"，已经在 9 次比赛中获胜。

马歇尔·约翰逊是一个在得克萨斯州长大的非裔美国人。他的父亲在他很小的时候就离家而去。为了养大 5 个孩子，并照顾腰部以下瘫痪的婆婆，马歇尔的母亲每周都要去帮别人打扫房间，以获得 17 美元的报酬。马歇尔清楚地记得父亲是如何拒绝支付一周 5 美元的抚养费的。为了挣钱付清账单，给自己和家人创造更好的生活，马歇尔的母亲最终在工厂装配线找了份危险但薪酬优厚的工作。

"她从来不生气或者抱怨,"马歇尔回忆道,"但从小时候开始,我就记得母亲是如何努力工作来支撑起这个破碎的家的。她经常早出晚归,身心俱疲。由于机器故障,母亲在工作时遭遇了两次事故,失去了两根手指。"

虽然生活如此艰难,但马歇尔的母亲一直竭力把家里打理得井井有条。尽管一家人的衣服都很旧,而且打着补丁,但是都很整洁。每到吃饭的时候,饭桌上总会摆着食物。她一直都在提醒马歇尔:你要努力考上大学!

"母亲的梦想最终实现了,"马歇尔说,"我去了休斯敦大学,获得了体育奖学金。在那里我打了四年橄榄球、两年篮球,并且参加了一个赛季的田径比赛。在取得教育学位后,我被巴尔的摩科尔特斯队选中。大学的最后一年,我与斯瑞达相遇,后来我们结婚了。她是一位漂亮的得克萨斯女孩,有心理学学位,心地非常善良,总会把街上流浪的小动物带回家,还照顾那些无家可归的人。在那段日子里,我依然信奉传统的观念:从事教育和体育行业将会使我们的生活得到更好的保证。"

很快,马歇尔·约翰逊挣得比家里任何人都多了,但他同时也意识到:总有一天他将不得不离开科尔特斯队,毕竟,他不能打一辈子的职业球赛。到那个时候,就算拿两份教师工资,也无法满足大家庭的需求。"除此之外,"他回忆道,"我想成为当地社区的榜样,告诉年轻的黑人同胞,我们也能在商业领域成功。"

马歇尔和斯瑞达在1978年开始了他们的安利事业。今天,他们取得了空前的成功，经济独立的梦想也得以实现。

约翰·沃恩即将完成普渡大学9年的学业，获得工程学博士学位。这时，一名空军官员给他提供了一个兼职机会。当时，约翰的妻子还在攻读教育学硕士学位，除了要抚养3个孩子以外，自己还有孕在身。最终，他们选择了安利事业。约翰回忆说："我们感觉创业能够带来更多的乐趣。"就这样，沃恩开始将工作变成一种娱乐方式。一年后，他们的收入翻了一番。而妻子既是一位全职太太、一位母亲，又是一个生意合伙人。这是多么令人羡慕的生活状态！

这样的故事数不胜数。无论经济鼎盛还是萧条，总会有人选择创业并且取得成功。如果创业的念头一直在你的脑海中萦绕，如果你渴望获得经济上的安全感，如果你不喜欢现在的工作，那么你就可以选择创业。我不是在这儿推销安利产品，我的一些好友，至今都没有用过我们的产品。我想说的是，对于创业者而言，拥有梦想就等于拥有了成功！

追随你的创业精神

1980年，美国仅有1302.2万家小型企业，10年之后，这一数字就变成了2039.3万家。仅在1990年，在全美范围内，就有647675家新公司成立，提供的就业机会占总新增就业机会的90%。1982—1987年，美国女性拥有的企业数量增加了50%，收入提高了

81%，而黑人拥有的企业数量提高了37%，收入增长超过了200%。

一些人因为失业而不得不创业，尽管自主创业存在风险和困难，但能提供给他们急需的安全感；一些人主动离职创业，他们对原本的生活感到厌倦、失望、愤怒、疲惫，或者觉得这种循规蹈矩的生活过于平淡；还有一些刚毕业的学生选择自主创业。一项调查显示，在来自100所大学的1200名被调查者中，有38%的人认为"拥有自己的企业是成功职业生涯的开端"。

《华尔街日报》指出："他们希望保持自主权，寻找工作上更大的满足感和独立感，按自己的意志自由驰骋，想从生活中发现需求，并且创立企业去满足这种需求。说到底，他们希望获得自由。"该文章最后总结道："人要用一生的时间去做自己想做的事情。"

尽管如此，生意场上失败的例子也屡见不鲜。1990年，失败的企业有6.04万家，比1989年增加了20%。因此在鼓励大多数人自主创业时，还需要考虑以下五个方面的问题：

1. 如果你有工作，你可以边工作边创业（如此一来，你会发现自己在晚上和周末竟然有这么多额外的时间和精力）。

2. 当你有足够的积蓄度过初创时的低收入阶段，不妨辞掉你原来的工作。

3. 尝试去发现并创造生意机会，尽量降低创业成本，不要背过多的债务。

4. 确保你生产的产品或提供的服务是质量上乘的。不要欺骗你的客户，那样注定会失败。

5. 确保你知道自己在做什么，确保你已经了解过与新事业相关的所有资源，确保你已经和银行经理、律师以及一两个你信赖的朋友谈过，并询问他们的看法（你会在反复试错的过程中学到许多东西，但在开始前，你必须对自己要做的事情有个全面的了解）。

千万别害怕尝试。记住，即使在美国经济出现衰退的1990年，美国小型企业的收入仍增长了6.5%。不仅如此，在全国乃至全世界范围内，新兴企业正在蓬勃发展。说实话，开公司绝不是一件容易的事情，尤其在刚开始的阶段。但是，正如安兰德斯所说："机会通常被掩盖在辛勤工作中，所以很多人并不能发现它们。"

我想再重复一遍：在你认真考虑从事一份工作或事业之前，一定要仔细审查，确定该行业及从业人员是否正直诚实。杰瑞和妻子梅多斯现在拥有一份成功的安利事业，但在起步时，他们自己也不确定安利作出的承诺是否能够兑现。

毕业结婚后，梅多斯一家搬去了北卡罗来纳州生活。在那里，杰瑞从事化学工程方面的工作，梅多斯则任家政教师。她的部分工作是每周做一档介绍服装设计及房间布置的电视节目。当儿子克瑞格6个月大时，梅多斯夫妇第一次参加安利事业的分享会。

杰瑞回忆说："虽然我听明白了安利事业应该如何运作，可我并不相信这是真的。于是，我就和推荐者进行了深入的沟通，并对安利的具体情况进行了详细考察。我们做得很认真。"

杰瑞笑了笑说:"她要我给一大群人打电话,还包括州总检察官。最终,安利通过了我们的详细考察,我们信任这家公司,以及他们对合作伙伴所作出的许诺。"

内部创业精神

也许你并不想创业,但仍感觉到创业精神在你的灵魂深处蠢蠢欲动。这对你而言也是件很有好处的事情!

很多人以为,一旦为别人打工,那创业精神也就不复存在了。其实,这是不正确的。事实上,有很多富有创造力和天赋的人更适合打工,如果硬是让他们自己承担创业风险,他们会感觉很不适应;相反,他们更喜欢每月领固定的薪水,更倾向于成为大公司的一部分。

为了便于区分,也许我们应该把这些人称为内部企业家。越来越多的公司正在寻找新的、富有创造力的方式,鼓励那些内部企业家为公司作出贡献。

内部企业家也经常根据以下问题的答案,采取相应的行动:

1. 在我的工作岗位、公司或职业中,采取什么样的行动可以更加有创造性地利用我的天赋和才华,让我对工作内容更加满意?

2. 我怎样才能帮助企业更强大、更成功?

3. 如何提高工作效率、节省时间和降低成本？

4. 我们应如何改善工作场所，让我和同事们感到更安全、更放松、更舒适？

5. 我们有哪些地方做错了？应该如何改进？

无论是企业家还是内部企业家，都应把每一天的工作看作是一种成长，一种创造，一种发现，以及一种挑战陈旧观念、创造新观念的机会。

安利公司的伙伴分为两部分：一部分是安利的营销人员，另一部分是我们全球工厂和办公室的员工。到目前为止，我们只讲述了安利伙伴的故事，但记住，没有那些安利员工的努力和创造力，我们也不可能取得今天的成就。

鲍勃·科克斯塔在安利已经工作了25年，他一直是一位富有创造力和热情的员工。在这里，我们要向鲍勃以及成千上万愿意成为安利一分子的员工表示诚挚的感谢。

"我第一次来这家公司时，"鲍勃回忆道，"这里只有五六百名员工，但办公室、生产车间、研发部门和仓储区的占地面积已经达到45万平方英尺，简直就像一个迷宫。尽管如此，理查和杰依然能够在这座大迷宫中找到路，走出来欢迎一个又一个和我一样的新员工。"

我已经记不清楚杰和我是如何欢迎每一位新员工的了，但我依然记得那些员工的眼神和声音。问候是非常重要的，虽然我每天仅仅抽出一小部分时间向员工问候，但却对员工忠诚度和生产效率的提升产生了巨大的作用。

"在我来安利的头两年，"鲍勃回忆道，"我与其中一位核心管理人员发生了冲突。后来，我觉得在他手下做事很痛苦，就决定辞职。在一个周五的下午，我离开了，事先没有向理查打招呼。但周一早晨，当发现我已经离职时，他便立即给我打电话，首先向我道歉并且希望我重新考虑自己的决定。尽管当时我并没有立即回到安利，但公司老板如此迅速地知道一名普通员工的离开，这让我很吃惊，更让我吃惊的是他竟然亲自打电话向我道歉，说实话，他真的不需要这样做。"

有时，数字会让人不知所措。我们雇用了多少人？又解雇了多少人？有多少人还在生产线上？从公司成立的那天起，杰和我就一直努力对员工一视同仁，无论是即将离开的人还是新来的员工，都给予他们应有的尊重和理解。尽管完全掌握每个人的情况是不可能的，但我们依然尝试这样做。

鲍勃说："即使现在，理查和杰仍然在做我们戏称为'出巡'的事儿。你永远不知道他们会在什么时候、在哪里出现。尽管他们会很突然地站在你面前，但这种方式会让你感觉很友好。他们慢慢地在工厂中走动，可能会停在某条生产线旁，大声地问候：'嘿，伙伴们，今天过得怎么样？'有时，理查或杰会在一名传送带操作工人或技师的身边停下来问道：'有什么需要我们帮助的？'随后真诚地倾听员工的答复。当人们提出建议或批评时，我们确信杰或理查会认真听取,并会在事后立即行动。"

鲍勃记忆中留下的都是正面的事情,我对此非常感谢,但让我感到不安的是:杰和我在满足员工的需求上,也许已经失误过很多次。其实,要想成为仁爱企业家,我们还需要付出更多的努力。这种努力是双向的,在我们给予员工的同时,他们也会给予我们回报。

"随着公司的发展,"鲍勃继续说道,"理查和杰开始邀请来自公司各个部门的职工代表出席恳谈会。这些人每周会在某个餐厅或礼堂进行一次非正式会面。他们可以提出任何问题,有些问题是非常具有挑战性的,但是理查和杰总会认真回复每一个问题。"

公司内刊《新姿》的创立就源于员工的想法。如今这种做法在美国已经很普遍,但在当时,它还是一个新生事物。通过期刊,个人在工作中所取得的成就会得到赞赏。

与员工的友好沟通往往能迸发出最佳的创意。亚达城的员工经常提醒杰和我:既然你们相信经理能够准时上班,认真工作,那么员工也应该得到同样的信任。后来,我们果断地取消打卡,但工作效率和出勤率并没有变低。

50多年前,一个家住加拿大艾伯特省的6岁男孩跑到路边的糖果店,费力地推开玻璃门,从货架上取下一只标着"糖果25块,25美分"的打折的糖罐。这个男孩把手伸进口袋,掏出一枚25分的硬币将它买下,并带到小镇中心地带的儿童游乐场中。

男孩注意到,在一组新建成的秋千和滑梯周围,聚集着很多儿童和家长。于是他走到这群人面前，有意夸张地打开硬糖果的包装，缓慢地剥下外面的塑料糖纸。在听到他弄出的声音后，孩子们一个个地聚集在他面前，看着那些糖果。

他问："你们想要吗？"很多孩子挥舞小手表示想要。他说："每块只要 2 美分。"随后又掏出一些糖果，红的、绿的、黄的、黑的，颜色各异。

孩子们纷纷伸到口袋找硬币，或跑到父母那里要零钱。几分钟后，24 块硬糖果就被销售一空。小男孩满脸得意地带着自己赚到的 23 美分跑回了家。

多年后，当年的小男孩吉姆·詹兹与妻子沙隆在美国和加拿大的生意都取得了成功。即便在功成名就之后，吉姆对童年时的这一"壮举"依然津津乐道。谁能想到当年站在公园卖糖块的 6 岁小男孩后来成了一名成功的企业家，也许连他自己也没想到。

当企业家精神在一个小孩子身上乍现的时候，你需要做的就是不要让这团创业之火熄灭。当一个小男孩在街上兜售糖块时，他应该因自己的创造力和劳动得到表扬和鼓励。

吉姆与沙隆一直在坚持着他们的创业梦想，并且在企业家精神的引领下取得了成功。同时，他们也为成千上万的人提供了获得成功的机会，并用实际行动将自己的财富用于各种仁爱事业，对社会产生了深远的影响。

道格拉斯·麦克阿瑟将军曾经说过："人的一生没有什么安全感可言，唯有机会而已。"你打算以一种什么样的方式来度过一生中剩余的时间呢？如果今天你能够勇敢地迈出第一步，那么以后的事情自然就水到渠成了。

在迈阿密海豚队待了11年后，蒂姆·弗利跟随内心的创业精神加入了我们。那时，他正在为康妮和全家人寻求经济上的安全感，但他想要的远不止这些。无论你是否相信，大多数成功的企业家并不是纯粹为了财富才开始创业的。

"买不买一辆奔驰车，我真的不在意，"蒂姆说，"尽管我们在佛罗里达州过着富有、舒心的日子，但真正让我和康妮感到幸福的，是有机会去帮助他人，并且看到他们梦想成真。"

"路易和凯西·卡里略夫妇就是其中之一。"蒂姆回忆说，"其实，直到1981年前，路易一直是一名一帆风顺的空中交通管制人员。在与几百名同事一道被解雇后，路易花了数月的时间才找到一份新工作。当我第一次见到路易时，他正在一家停车场工作，每周可以得到150美元的工资；而他的妻子凯西，也从一名衣食无忧的家庭主妇，变成节衣缩食、为别人清理房间的保姆。"

那段日子对于路易·卡里略来说是非常艰难的。被解雇后，他们银行里几乎没有什么存款。在路易和凯西决定加入安利的时候，他们在经济上已经入不敷出了。路易是个很好的人，但他不擅长人际沟通。当他开着那辆老旧的1975年黄色桑塔纳汽车到熟人家中做产品演示时，他有意将车停得远远的，以掩饰自己的尴尬。

蒂姆回忆说："即便如此，路易依然在为自己和家庭努力着，每个晚上他都会拿着宣传材料和产品，钻进那辆破汽车，鼓足勇气穿行于佛罗里达的街道上。在他遭遇挫折或心情糟糕的时候,我们都会来到他身旁鼓励他。在他第一次单独拜访客户的时候,我开车来到他家,在他的挡风玻璃上贴了一张便条:'路易,别忘了,你并不是一个人,我们会一起努力的!爱你的蒂姆。'"

每当回忆起这张便条,路易都会热泪盈眶。幸亏遇到蒂姆和其他关心他的伙伴,他才能够创立自己的事业。

隐藏在你心灵深处的创业精神,或许此刻正在躁动不安。不要害怕尝试,开始行动吧!千里之行,始于足下。找到一家能够帮助你梦想成真的公司,有一天你也会明白蒂姆和康妮·弗利所享有的真正乐趣,它不仅仅意味着实现个人成功和获得经济保障,还意味着能帮助他人找到成就感。

CHAPTER III
第三章 开始行动

8
我们需要什么样的态度

> **信条 8**
> 培养积极、充满希望的态度,对达成目标至关重要。

一名年轻的推销员开着西端酿酒公司的汽车,行驶在纽约市尤蒂卡镇到罗马镇的 49 号公路上。当他行驶到东多米尼克街大桥,跨过桥下的莫华克河时,天空突然变得昏暗,闪电照亮了远处的地平线。为了躲避这场夏末暴风雨,他猛踩油门,在急转弯后将车开上了詹姆斯街,最后停在都灵路的吉列食品超市门前。

当这个年轻人抓起公文包和展示板,穿过停车场向正在等候的经理跑去时,雨水已经开始在挡风玻璃上飞溅。那天,他穿越了 5 条公路,横跨奥奈达郡,拜访了 40 位客户,做示范、销售产品、签订单。1964 年的那个夏天,他每周工作 80 个小时,事事都尽心竭力。然而,他将自己大部分时间都浪费在路上了,根本没有时间好好推销产品。

这个年轻的推销员就是德士特·耶格。他和妻子博蒂开着那辆锈迹斑斑的福特旅行车，和4个孩子住在村前的一排老房子里。博蒂回忆说："我家门外就是大街，连一片可以让孩子玩的安全的空地都没有。"

"我也曾经对人生充满了美好的规划，"德士特回忆说，"从小时候起，我就想有一家自己的公司。妈妈常说，'我们的姓"耶格"，就是"不为别人打工"的意思'。但我没有钱，如何开公司？每晚看报纸的时候，我就更觉得灰心，因为上面刊登的创业机会没有一个是我能负担得起的。于是，我误以为自己没有放开手脚，就是因为没有钱。"

"我没上过大学，"德士特解释道，"我曾认为这是我的另一大绊脚石，每次我去面试的时候，那些西装革履的家伙总对我不屑一顾。看完简历后，他们就嘟囔着：'没上过大学，小伙子？'我只能讪讪地笑。他们随便翻看完我的简历后，笑着还给我，然后打开房门，嘴里喃喃说道，'等你拿到学位再来吧'。"

"我识字不多，"德士特承认，"所以很少想到按照自己的方式去生活。我永远都忘不了有人曾对我说过这样一句话：'你大字都不识几个，谁愿意认识一个文盲呢？'"

"我总觉得这个社会似乎哪里都不适合我，有太多的原因让我自惭形秽，也有太多的理由让我对未来忧心忡忡。但是我内心深处总有一股不屈的力量。我相信自己，并且多年来的信念也让我勇于改变。"

相信自己！

我猜你们肯定在说，我倒是对企业家有些了解，就是不知道怎么做才能成为一名企业家。对于像德士特·耶格一样的人，成功始于积极的态度。

当我们说某人有"态度"时，通常是指这个人有点自大，但此处的态度并非这个意思。自大与自信看似接近，实际上毫无关系。我所说的"态度"是指"积极的心态"，也就是"我相信我能成功！"

感觉不太自信？当有人对你说"你可以成为一名成功的企业家"时，你的第一直觉是"不可能"吗？其实不仅你有这种想法，我们大多数人，至少在最初时，都会认为自己不是这块料。而且，总是有人在我们的一生中暗示或明示我们：你还不够优秀，你有弱点，你不可能独占鳌头。我们的才干往往被类似这样的谎言埋没了，就像计算机专家常说的那样："无用输入，无用输出！"

"你要上大学才能成功"，这句话是我听过的众多谎言中的一个。我相信教育的力量，也是多所大学董事会的成员，荣获过各种荣誉学位，我的子女也都从大学毕业了，但我本人并没有受过正规的大学教育。德士特·耶格也没有受过大学教育。甚至，财富500强公司的许多创始人或首席执行官都没有上过大学。

我并不是说大学文凭不重要，但没有它，我们就真的无法成功吗？德士特·耶格有众多偶像，他的叔叔就是其中一位。"我最开始认识约翰叔叔时，他还是一名洗碗工，"德士特回忆道，"他上到八年级就退学了，然后从一些技艺精湛的木匠那里学到了很多手艺，在他为之工作的建筑公司破产后，他开始创立自己的小公司。随后他借钱买地，成了地产开发商，并用赚的钱买下了自己喜欢的餐馆。他总是在不断地尝试新事物，所取得的成功超出了他的想象。我希望自己也能像他那样。"

"'但你首先得上个大学。'约翰叔叔提醒我。'拿到你的学位。'我父亲也认同这一点。'但我就想和你们一样。'我回答道。虽然约翰叔叔和我父亲都只读到八年级，但他们从没有停止学习、成长和改变。我认识的许多人都有大学或研究生学位，但令我最敬佩的是父亲和约翰叔叔所取得的成就，以及他们取得这些成就的方式和途径。"

我们心目中的英雄也可能会误导我们，德士特很早就明白这一点。他回忆说："我在纽约罗马镇的酿酒厂工作时，还深信没有大学文凭就永远无法成功。但上大学对我来说已经太晚了，我已经成了家，还有4个小孩，我知道自己没有精力去读完大学了。"

不好的建议会在我们的大脑中形成挥之不去的阴影。"没有大学文凭你永远都不可能成功""就凭你那点知识，没人会给你机会"，这些没完没了的条条框框总让人感到绝望。不要让那些有关你不足的谎言威胁你的未来，相反，你应该想一想自己的天赋，找出一个你认同的正面特质，开发更多的潜能，从今天开始就树立一种全新的、积极向上的生活态度。

有一次，我因为心脏病突然发作，被火速送到位于密歇根州大急流市的巴特沃斯医院特护病房。医生给我做了心脏搭桥手术，清除了血管中的血栓。在那段漫长的日子里，我痛苦又清楚地意识到，我只有两个选择：一是继续像以前一样生活、工作，最后又回到手术台上；二是作出重大、长远的改变，以求自己能够长命百岁。

医生告诉我说，血栓形成有三大因素：遗传、不良饮食习惯、缺乏锻炼。我躺在病床上，开始认真思考医生的话。他所说的话不仅教导了我应该如何自救，也让我拥有了一种从失败走向成功的积极心态。

如果把"我不能"的态度视为一种阻碍，又会怎么样呢？同样的三个因素——遗传、不良饮食习惯和缺乏锻炼——还会适用吗？不自信有没有可能是可遗传的？新的饮食习惯有没有可能改变我们的生活？是否存在一种锻炼意志的方法，使我们改变消极心态？

遗传。我的父亲西蒙·C.狄维士59岁时因心脏病英年早逝。帮助我取得成功的许多特质都是我父亲遗传给我的，为此，我心怀感激。不过，我也继承了他的一些不良心理和生理特征。由于没有认真对待这些遗传因素，我后来才躺在医院里。

我的意思并不是让我父亲为我的弱点当替罪羊。我只想说，无论是谁，来自哪里，"我不能……"的态度是可以"遗传"的，而且它并不是通过生理，而是通过思想和观念传给下一代的。

如果你的父母认为自己是失败者，如果他们缺乏自信或缺少对成功的渴望，那么他们会遗传给你什么样的态度呢？很可能你也会认为自己是一个失败者,这并不一定是你父母的错。或好或坏,我们都不可避免地继承了父母的许多长处和弱点。然而,这并不意味着你无法改变。

"我母亲是一位很有主见的女性,"德士特回忆道,"她的一生都饱受背痛的折磨,医生跟她说她可能永远都不会有自己的孩子,但她生了5个。医生叫她最好不要抱我们,她也没有放在心上,经常把我们抱在怀里,而且一抱就抱很久。她被诊断出有高血压,医生甚至让我们准备后事,但母亲微笑着,凭着坚定的信心,拖着羸弱的身体又一次站了起来。她从不把医生的话当回事,到母亲80岁的时候,那些医生已经相继去世了。"

"母亲刚过完80岁生日,又遭受了一次打击,整个右半身都瘫痪了。护士们提醒说:'她永远不可能再走路了。'但是这些善意的护士显然并不了解我的母亲。第一个疗程还没结束,母亲就提出要求:'我想要一根拐杖,我会站起来的。'我站在母亲的房间里,惊讶地看着她从椅子上挣扎着站起来。她说:'早上好,孩子,过来,给妈妈一个拥抱。'说着,她开始艰难地向我走来,脸上挂满自信的笑容,眼神中透出战胜一切的骄傲。"

"我父亲的身高只有167厘米,"德士特说,"但他很能吃苦,能够在罗马这个潦倒的小镇上自力更生,很不简单。那是一个星期六,两个年轻的无业游民来挑衅,父亲本来不想打架,但那两个人先动了手,父亲就像只老虎一样发起了反攻。当我们看到那两个家伙时,他们正以最快的速度逃命。"

"很长一段时间,我桌子上都有一块小黑板,上面写着:'打仗靠的是斗志,而不是身板。'每次看到这句话,我总能想起父亲,还有他遗传给我的斗志。"

就像德士特一样,我们每个人都从家人那里传承了或好或坏的品质,但我们千万不要自我满足,而应该有所突破。如果你已经习惯性地低估自己的潜力,那就反击,告诉自己,"我不是一个失败者,我一定会成功"。这样,那些曾经阻碍你父母或祖父母发挥潜能的因素,就不会再束缚你。如果现在有人对你说:"你能够做到!"你应该很感激,因为可能并没有人对你的父母或祖父母说过这样的话。

饮食习惯。我们可能遗传了父母强壮或柔软的身体,但如果你一直吃炸薯条、芝士汉堡、巧克力蛋糕和喝啤酒,那后果可想而知。除非我们非常幸运,不然最终都会患上动脉堵塞,血管内部就像生锈的旧水管一般。但如果我们营养均衡,多吃低脂的食物,血管就会保持很好的张力和韧性。

同样的道理也适用于我们的精神世界,如果我们不断地被灌输一些不健康的思想,后果会怎样?我们很可能会用一种不健康的态度来看待自己。这是一个非常古老但依然实用的观念:你吃什么,你就是什么。如果你一直被灌输消极的"我不能……"的想法,那么你注定会失败!

在与德士特和博蒂·耶格谈话时,德士特突然侧身拿起一个玻璃杯说:"看这个杯子,现在它装满了可乐和冰块,当我把它喝完,里面会充满空气。真正的空杯子并不存在。"

"同样,空头脑这种说法也是不存在的,"他继续说道,"所有的事情和想法都在脑海中汇集,有时希望和绝望甚至会在头脑中相互碰撞。所以我们必须学会清除头脑中的毒素和垃圾,同时还必须学会将好的、积极的、有希望的、有益的、鼓舞人心的想法不断填充到脑子里。"

德士特和博蒂回想起在20世纪60年代创业时的情形:他们开着一辆1955年款的旅行车,每晚睡觉前,德士特都会开车沿着多米尼克街驶向罗马镇的唯一一家凯迪拉克汽车经销店。

"我就静静地坐在黑暗里,"他回忆道,"注视着陈列窗内那些炫目的凯迪拉克,我的目光落在亮红色的帝威车上。尽管我当时存折中没有一分多余的钱,但我还是一遍遍地告诉自己:这辆车属于我,指日可待。"

"有梦想的不止德士特一人。"博蒂提醒我们,"我也梦想着有一天能拥有位于罗马镇郊外的一幢大房子:带草坪的后院供孩子们安全地玩耍,门前的街道人流稀少,一片静谧。一次,我与德士特分享我的梦想时,他竟然驱车15分钟来到我梦想的那座房子前面,告诉我这座房子会是我们的。"

他解释说:"把注意力集中在我想要的东西上,这是改变别人对我有意无意的偏见的最好方法。我必须摆脱那些非常善意的、认为他们为我所设计的梦想比我自己的要好的人,找回属于自己的生活。日复一日,年复一年,未来的梦想给予了我力量。"

今天，德士特和博蒂·耶格夫妇住在曾经梦想的位于北卡罗来纳州夏洛特附近微莱湖畔的大房子里，老房子已经成为回忆，那辆老掉牙的福特旅行车也已经退休。他们还筹建了一个训练营，用来帮助孩子们学习成功之道。耶格夫妇正在重塑一代人的观念：从"我不能成功"转变为"如果努力，我也能成功"。

想要改善大脑的"饮食习惯"，一个重要方法就是听和读。从呱呱坠地那一刻开始，我们的大脑就如同一台录音机，记录着我们听到的声音。一些声音是正确的，另一些则不然。但无论喜欢与否，我们听到的所有声音都会被记录下来。这些声音，尤其是那些不好的声音一遍遍地在我们脑海中播放着。

"你很丑！"

"你很笨。"

"一个女孩子能做什么？"

"你就是个惹祸精，你知道吗？"

"一次失败，永远失败。"

请用一分钟的时间扪心自问：哪些内容破坏了你的自信心，低估了你的潜能、让你消沉？有什么样的新内容能让你重新振作呢？

多年前，在奥地利的因斯布鲁克，我的一位挚友比利·佐利在奥林匹克露天体育场做了一场演讲。在数以千计的欧洲人面前，比利讲述了温斯顿·丘吉尔的一个故事，说的是丘吉尔去世之前到一所著名的英国大学为毕业生做一场简短演讲的事情。

丘吉尔到得有点迟，他穿着厚重的外套，戴着黑色的毡帽，走上礼堂讲台。在学生们的欢呼声中，他慢慢地摘下帽子，脱掉外套并放到旁边的讲台上。他看上去很苍老，很疲惫，但却自豪、笔直地站在学生面前。

学生们慢慢安静下来，因为他们知道这可能是老首相做的最后一次演讲了。无数双兴奋、期待的眼睛注视着这个曾经英勇地领导英国人民从黑暗走向光明的老人。作为政治家、诗人、艺术家、作家、战地记者、丈夫、父亲，丘吉尔走过了充实而丰富的一生。他会给学生们什么样的建议呢？他如何将毕生经验浓缩到一场简短的演讲中呢？丘吉尔低头看了看台下的人们，良久，说出了四个字："永不放弃！"

学生们注视着他，又停顿了至少 30 秒到 45 秒的时间，丘吉尔依然只是看着他们。此时，他看上去红光满面，双目炯炯有神。接着他又开口了，这次声音更加洪亮：

"永不放弃！"

丘吉尔再一次停顿下来，他那刚毅的双眼中饱含泪水。学生们想起了那个左手紧握着雪茄，右手挥舞着胜利的手势，带领大家从噩梦中冲出来的丘吉尔。那天，在长时间的沉默中，所有人都感动得流下了泪水。末了，老人最后一次说道：

"永不放弃！"

这次他呼喊着，声音响彻整个礼堂，余音环绕。一开始，人们非常安静、惊讶，等待着更多的演说。逐渐地，人们意识到其实不需要更多了，他已经道出了他一生的全部感悟，他永远没有放弃，世界因为他的出现而改变了。

丘吉尔慢慢地穿上外套，戴上帽子，在大家意识到演讲已经结束之前，他转过身走下了台阶。欢呼声顿时响起，一直到老人离开很久后才停止。

比利的这次演讲被全程记录了下来，鼓励了很多人。其中有一名叫作沃尔夫冈·拜克豪斯的年轻德国人，当时他正在和妻子筹建公司。

沃尔夫冈告诉我们："我已记不清和妻子一共听了多少遍这场演讲。每当萌生退意时，我们就播放比利的演讲，再次聆听丘吉尔的这句名言：ّ永不放弃！'"

今天，拜克豪斯家族拥有一份很成功的安利事业。他们抛弃了"我不能……"，头脑中全是丘吉尔的名言"永不放弃！"。

在创业初期，科尔特前足球明星布莱恩·哈罗什安和妻子迪德决定去听一听这盘录音带。布莱恩说："我们终于听到了这盘录音带，我们分别在汽车、客厅和卧室中放了几台录音机，甚至在度假、晨练或在健身房时都带着录音机。"

布莱恩和妻子养成了听录音和读书的习惯。布莱恩告诉我们："我们每天都会听或阅读一些积极的东西，尤其是从逆境中走出来的人的故事，它能让我们在面对困难时更加自信。"

德士特和博蒂·耶格夫妇也同意这个观点。他们一生致力于把这种生活哲学传授给其他人，如哈罗什安夫妇。

德士特说："博蒂每个月至少会读一本新书，都是一些有关个人发展、激发创造力、励志、提升技能和成功学的书。"他笑着补充道："读有关成功企业的书籍绝不会对我们造成伤害，别忘了，大家都是生意人。就像是医生必须紧跟科学研究的步伐，律师必须了解所有的新案例一样。我们这些富有仁爱之心的企业家怎么可以不加倍努力呢？"

作为一名企业家，你正在阅读或聆听哪些可以帮助你建立积极态度的书籍或音频呢？在我们公司内部，每月读一本书已经是约定俗成的习惯了。

既然我们讨论的主题是滋养内在精神，进而培养一种更加积极的看待自我的态度，那我们就不能忘了朋友的力量，他们对我们产生的影响力，常常超乎我们的想象。

安利成功的秘诀就在于有那些像耶格夫妇、哈罗什安夫妇以及拜克豪斯夫妇一样为共同的梦想而聚集在一起的人们。在讨论会和家庭聚会中，他们坐在厨房的桌子或壁炉旁一起分享梦想。一位政客向法国前总统戴高乐抱怨自己正在遭受朋友的打击，戴高乐直接告诉他："换掉你的朋友！"另一个法国人德利尔在100多年前说过一句名言："命运替你选择亲属，但你必须自己去选择朋友。"

锻炼。为了保持身材，就要坚持锻炼。不要像有人说的："每当我想锻炼，就会躺下来，等到这种想法消失。"

温斯顿·丘吉尔说："成功来自越挫越勇。"托马斯·爱迪生也说过:"成功是1%的灵感,加上99%的汗水。"这两个人都清楚,想要在比赛中获胜,就要先享受比赛。

你不可能赢得每场比赛。事实上,你可能会一次又一次地遭受失败。但是不断从失败中走出来,历练自己,将有助于你天赋的发掘——你也将会离成功越来越近。

在我的家乡,有很多关于正确的态度带来巨大改变的例子。我有位朋友叫彼得·斯克亚,他是意大利移民的后代,观念陈腐的家人告诉他:"上学是浪费时间和精力的事。"但彼得从来没有理会这个"忠告"。

另一个朋友,保罗·柯林斯,当所有人都认为年轻黑人适合当运动员或者爵士乐手,但绝对不应该成为一名画家时,保罗同样没有听从这个"忠告"。

还有一个朋友,艾德·普林斯,在很早的时候就被告知:父亲早逝的穷孩子不可能在商界获得成功。他同样也没有听从这个"忠告"。

于是,彼得继续着他的学业,直到成为美国驻意大利大使;保罗的杰作在世界著名的画廊和展览馆中巡回展出;而普林斯则成了一名成功的首席执行官,并在业内享有很高的声望。

这三位朋友都摆脱了思想消极的朋友,以及扯后腿的熟人或亲人的纠缠。凭借着年轻人的冲劲儿,练就了成功者的"肌肉"。他们有过梦想,敢于承担风险,尽管前进中有时会跌倒,但始终保持着正确积极的态度,才最终成了今天的赢家。

如果你现在就有一个想法，何不尝试一下呢？你会为取得的成就而感到惊讶，我有两位朋友的故事就证明了这一点！

比尔和霍娜·奇尔德斯并不算出身贫寒，"只是家庭破裂了而已。"霍娜解释道。霍娜的父亲是一名机械工，经营着一家汽车修理厂。比尔的父亲有一家小型纺织厂。在父亲病倒后，比尔辍学回家照顾他。父亲去世后，并没有留下什么积蓄、保险或者遗产，因此比尔不得不卖掉工厂来还债。几年后，霍娜的父亲也撒手人寰，留下了两个十几岁的孩子。

那段时间，比尔夫妇的处境很悲惨，他们承担了远超收入的责任。在军队度过了一段节衣缩食的日子后，比尔在北卡罗来纳州夏洛特的一家轧钢厂找到了一份销售工作；而霍娜则在夏洛特地区的商场及公共场所兼职促销照相机。他们没有可以炫耀的学位，没有存款，没有家族靠山，但他们有自信，有正确的态度，他们坚信总会有工作给他们带来稳定的收入。1973年，他们发现了一个创业机会，于是决定不惜一切代价去冒这个险。

现在，比尔夫妇住在一所漂亮的别墅里，他们和孩子的未来有了经济保障，两位寡居的母亲也得到了悉心照料。他们不用每天为各种账单焦头烂额，可以自由地运用时间、金钱和领导才能。在安德鲁飓风席卷佛罗里达州后，比尔一家和来自全美国各地的安利志愿者们一起到灾区，给需要帮助的人带来希望。比尔一家创业的时候虽然缺乏资金，但是满怀梦想，并且有着积极的态度，恰恰是梦想和积极的态度给他们的生活带来了巨大的变化。

在我儿子德 13 岁那年，我带他去密歇根湖上划船。当船划过水面时，我大声对儿子说："有一天，你会有一条更快的船。"但是，他回答道："恐怕不会，也许在我得到之前，这个世界上的汽油已经用光了。"

我关掉发动机，让船静静地在水中漂浮着。"听我说，德，"我语重心长地说道，"当你买下想要的船时，不需要为汽油担心，因为船一定有充足的燃料。"他怀疑地问道："你怎么能确定？"

"几年前，我也没想过我们用短短的三小时就能从华盛顿飞到巴黎，"我告诉他，"没想过我们可以在几秒内回复跨国邮件，但这些确实都成真了。昨天看似毫无头绪的问题，在今天轻而易举就解决了。我们一定要始终相信这一点。"

我是个坚定的乐观主义者，我相信命运已经为我们安排了能够解决问题的、富有创造力的能力。如果能坚定信念，拓宽视野，我们就会找到世界上所有重大问题的解决方案。作为人类的一分子，你我的态度都关系重大。

6 年前，德士特和博蒂在事业上的成功已经超越了他们最初的梦想。当他们一家正沉浸在无忧无虑、幸福快乐的生活中时，他们万万没有想到，另一个巨大的考验正在降临。

1986 年 10 月，德士特觉得右手和右腿不太舒服。"我以为是神经痛，"他回忆道，"也不想去烦扰别人，我想过段时间就好了，但事情的发展却完全超出想象。"

三天后，德士特就没法走路了，他的右侧身体完全瘫痪了，医务人员立即将他送入了重症监护室。医生在会诊、进行各种检测之后,发现他的血压正在急速下降。

"专家提醒我说,"博蒂摇着头回忆道,"即使德士特能活下去,也不可能走路。我和家人围坐在他的病床前,都在害怕这个自信、精力充沛的人可能会一辈子无助地瘫痪在床上。医生还告诉我们,德士特在轮椅上度过余生可能是最乐观的治疗结果。"

"消化这一切,"德士特回忆道,"确实花了我很多时间。过去 20 年,我一直在世界各地奔波,为我所爱的人谋幸福。现在,轮到他们来照顾我了。"

在病床上躺了一段时间后,德士特作出了一个新的决定:必须用一种积极的心态去面对一切。接下来的 6 个月,他带着前所未有的积极心态投入到工作中。

德士特平静地说:"每一天我都努力把失去知觉的肢体拉回到生命中来,右半边身体瘫痪了,我就努力开发左半边身体。博蒂和孩子们帮我翻身、按摩;护士和理疗师帮我拉伸四肢,医生为我制订康复计划;朋友们为我送来了数以千计的鲜花和卡片。我侧身看着自己已经变形的胳膊和失去功能的腿,满怀希望地支撑着我的身体,一步一步地在蓝色床垫间挪动,我听到一个声音对我说:'你一定可以再站起来,不要听信任何人的谎言。'"

1986 年的年末,北卡罗来纳州的体育场里挤满了德士特和博蒂的朋友及营销伙伴。那次活动的计划很简单,博蒂把德士特推到台上,他将挥动那只健康的手臂,和大家分享一段鼓舞人心的话,然后再被推下去。突然，德士特有了一个更好的主意。

涌动的人群充满疑虑，不知道这位身患重疾的朋友会怎样出场。德士特出现了，他没有坐在轮椅上，而是步履蹒跚地走了出来。人们热泪盈眶，德士特终于站起来了！

无论过去有什么阻碍了你，无论什么使你感到自己是个失败者，无论你的人生和事业面临怎样的恐惧和威胁，你都要听听你内心的声音："你能行！你会再站起！不要让任何人偷走你的梦想。"

9
我们需要什么样的老师

> **信条 9**
>
> 成为成功的企业家,需要有经验丰富的良师来指导。
>
> 所以,我们要找到令人敬仰且有所成就的人,帮助我们达到目标。

在某美军基地,刚从预备役军官学校毕业的陆军中尉比尔·贝瑞德站在士兵面前。"一个刚来的新兵犯了错误,"比尔回忆道,"我记不起他做了什么,但记得我把他喊出队列,严厉训斥。他站在我和全体官兵面前,强忍着委屈的泪水,又把工作重做了一遍。"

当比尔快步走回办公室的时候,一个看上去饱经风霜的中士礼貌地拦住了他。"中尉先生,"他恭敬地说道,"我能到办公室和您谈谈吗?"

比尔进了帐篷,走到桌子旁边,转身看着这位老中士。"我跟军官、士兵们的关系非常好,他们尊敬我是因为我也尊敬他们,但这个中士很明显看起来对我并不满意。"他回忆说。

"先生,"老中士开门见山地说,"您当然有权这么处理新兵。不过下次谁惹您生气,只管告诉我。我把他抓到这里来,一切任您处置。"

比尔很惊讶这位老中士竟然用这样的方式质问自己。随后这位老中士很快就用行动向比尔证明,他不仅年长,而且老到、有阅历。"您有权采取任何方式,"老中士总结说,"但我建议您在私下批评,不要当着别人的面,这样他们会更尊敬您。"

一个中士来与上级对峙想必也是需要很大勇气的,但比尔知道从一开始他就是对的,而自己错了。

"中士先生,"比尔绕过桌子,伸出手,"您说得对!我本该懂得这些。非常感谢,我会铭记在心。"

他们握了握手,老中士转身跑回队列。"在清理雷区和修桥的那段艰难岁月里,"比尔说,"我经常向他寻求实用建议。当我被调到另一个工程部时,我还请上级特殊批准,让那位中士跟着我。遗憾的是,我甚至都记不得他叫什么名字,但在我生命中最困难的时刻,他就是我的导师和朋友。"

为什么需要良师?

古希腊诗人荷马在其史诗《奥德赛》中,描写了奥德赛在特洛伊战争后,经历了10年的海上漂泊,最终回到家乡的故事。临终前，奥德赛将抚育、培养爱子忒勒马科斯的重任托付给了忠实的朋友门特。几千年来，"门特"已成为富有智慧和值得信赖的老师的代名词。如果够幸运，在我们人生的每一个阶段，都会有良师益友在需要的时候出现，给我们以帮助。回顾过往，你还记得哪位良师曾来到身边，成为你终生的挚友，或擦肩而过？

上高中的时候，我遇到了杰·温安洛。从我们俩相遇的那一刻起，我就喜欢上了他。他开朗、稳重、积极乐观，我们决定一起创业。当时我满脑子的想法，就像酷暑季节消防龙头中的水一样喷涌不止，而杰知道该如何"疏导水流"，如何问问题、提建议，如何聚集力量、导正方向。就这样我们成了事业伙伴和好朋友。近半个世纪以来，无论成功还是失败，杰都给予我充分的信任。他是我的良师益友——一位充满智慧、值得信赖的顾问和朋友——我常常为能赢得他的友谊而感到庆幸和感激。

良师传授给我们无法自学而得的知识。没有良师的传授，我们每一代都得重新发明一切所需要的东西。亚里士多德说："实践出真知。"诚然，我们可以从实践中学习，但良师能帮助我们避免重蹈覆辙，让我们加速成长，发挥优势、增长知识。

"我父亲是蒙哥马利·沃德百货公司汽车部的经理，"比尔回忆道，"他工作努力，上司也很赏识他，但他逢酒必醉，公司不得不在各城市间把他调来调去，希望他能重新开始。所以我们总是居无定所，高中时我成了班里的差等生。"

"高中最后一年，我们住在佛罗里达州的代托纳比奇。为了贴补家用，我每天晚上都在梅因大街'新客来'加油站工作到 11 点。当父亲耍酒疯时，他就会想办法偷偷拿走加油站收银台的钱，所以我还不得不时刻提防着他。"

"在那段艰难的岁月里，"比尔笑着回忆，"母亲总是毫无怨言，每当我失望和沮丧的时候，她总会在我身边。一天夜晚，我实在有些坚持不下去了，就告诉母亲'我想退学'。出乎意料的是，我没有得到半点理解和同情，母亲盯着我，斩钉截铁地说：'除非我死了！'我想，这或许是我年轻时听到的最短但最有力的教导。"

比尔补充道："就这样，我继续留在学校。没有时间参加体育、音乐会、舞会等学校活动，也没有时间交朋友，更糟糕的是，我从来就不懂得怎样学习。事实上，四年中，我连一本书都没有带回家过，我只想考试及格，混个文凭，然后离开学校。"

"我渴望成功，但我连如何阅读、通过考试都知之甚少，更别提写学术论文了。在部队，我有幸获选优先参加干部培训，以便上军校深造。但我的第一轮测验就不及格，我想我肯定要被赶走了。一天下午，我被叫到施瓦茨上尉的办公室，他当时担任预备军官班的指导员。"

"'贝瑞德同学，'他叫道，光听他的声音我就觉得我的梦想已经破灭了，'你真是一块当军官的好料。'听到这话，我简直不敢相信自己的耳朵。'你身体强壮，'他继续说，'其他士兵都尊重你。你很聪明，学东西很快，你会成为美国陆军卓越的军官。你的智商和领导天赋都很强，就是不知道该如何学习'"

"我当时激动得都能听见自己的心跳声。他给了我重生的机会，他不在乎我做学生时的表现，而是关注'我将来能成就什么'。他花时间认识我的优势，帮助我克服那些会影响到未来的缺点。"

"'来，这里坐，'他边说边把椅子移到他的金属办公桌旁，'让我来告诉你一些学习技巧。第一，别人上床睡觉的时候，你要保证自己还在读书，并且画出重点。第二，在每一节课后找到已经听明白教学内容的同伴，请他帮助你。第三，每门课都要总结提纲；每读一本书，都要把新东西充实到提纲里；每听一堂课，都要把提纲完善一次；教官提到一本书，就到图书馆借来阅读，不断充实到你的提纲中来……'"

"施瓦茨上尉花了 15—20 分钟的时间教我如何学习。上了那么多年学，没有一个老师像他这样仔细地观察我，注意到我也有头脑，只是不知道如何用罢了。我的射击成绩从每 100 发中 18 至 20 发提高到中 90—95 发。因为有一个比我更懂得学习方法的人向我传授经验，我光荣地从军校毕业了。干部培训班开始时有 63 名学员，毕业时只剩下 23 名，而我是其中之一。有人信任你，这就是世界上最强大的动力。"

良师教给我们生活中的成功法则。苏格拉底是良师中的典范，他把自己比喻为"帮助头脑分娩知识和智慧的助产士"。你可以想象良师将新生的梦想轻轻放到你的臂弯，微笑着离去，帮助下一个梦想家产生希望。

公元前 400 年，希腊医生、内科学之父希波克拉底在讲述自己当老师的感受时说:"学生好像土壤,老师如同播种的园丁。老师的工作就是在适宜的季节播种,勤勉的学生负责松土施肥,修整土地,培育农作物。"

比尔·贝瑞德退伍后回到了位于北卡罗来纳州的家,并根据美国《军人安置法案》报名攻读北卡罗来纳州的工程学位。之后,他遇到了佩吉·加纳,两人相恋并结婚。比尔毕业后的第一份工作是担任北卡罗来纳州罗利市的市政官助理。

"比尔·卡珀是我的老板,"比尔说,"虽然他管理着南方的一个大城市,但几乎每天,他都会把我叫进办公室,在他的办公桌后面瞪着我大声问道:'比尔,你今天学到了什么?'比尔·卡珀希望我能继任市政官。他是我的良师益友,每天都从繁忙的工作中抽出时间督促我思考、分析,增长见识,发挥优势。"

身边最爱的人是教你最多的导师。奥古斯丁说:"教育是最伟大的爱,爱是最佳的学习动力。"有人在后面加了一句:"最爱你的人,会把你教到最好。"这些话常常激励着我。这一经典思想的另一种说法,成为我朋友公司的座右铭:"他们不在乎你知道多少,他们只想知道你有多在乎。"

想想你生命中最爱你的人,他们难道不是教你最多的人吗?对比尔和佩吉来说,在他们刚结婚时,佩吉的父亲就充当了这样的良师。

"我的父亲带给家里的,都是焦虑以及对未来深深的担忧,"比尔说,"但在佩吉的家里,我重新认识了父爱。她的父亲

G.B. 加纳在罗利市开了家制冷设备检修公司，当你看他穿着工装裤和工作服走在路上，你可能会以为他买不起西装和领带。其实，他只是舍不得为自己花钱，却把钱全花在了家人身上。加纳先生的笑容常常使家里充满浓浓的爱意，甚至感染着每一个路过他家门口的人。"

"加纳先生的家就是他的办公室。他就像医生一样，将工具放在小货车里，提供 24 小时全天候服务。无论白天黑夜，饭店老板或杂货店店主都可以随时来电紧急报修。白天，加纳先生会独自上门；而晚上，则会全家出动。"

"我父亲认为，晚上全家都应尽可能地待在一起，"佩吉回忆道，"一旦电话铃响起，一家人都会自然而然地跳上父亲的老式小货车，在他工作时帮他拿工具、递饮料。完工后，我们就会到冰激凌店待上一会儿，犒劳犒劳自己。"

"你能感受到加纳先生的爱，"比尔说，"他和他的妻子哈蒂·梅都是了不起的人，他们把爱传递给了我和佩吉。现在，我们正努力把这种爱传递给我们的安利伙伴。"

良师有勇气面对阻碍。 奥古斯丁说："爱有助于学习。"这没错，毕竟，提意见有时也是一种爱。如果人们从来不关心你，他们根本就不会自讨没趣地告诉你你错在哪里，应该怎么做。

这一点是我们公司的一位年轻人教我的。多年前，在里约的一次会议上，我心情烦躁，在屋子里来回踱步，言谈举止活脱脱像暴躁的巴顿将军。当我做完讲演，准备回答大家的提问时，人群中出现了令人可怕的宁静。没有一个人说话，他们只是礼节性地鼓掌，然后低下头或者将目光转移到别处。

"确定没有任何问题吗？"我一边问道，一边扫视着整个房间，希望有人能站起来带头提问，但没有人说话。一阵尴尬的沉默过后，有一个年轻人站起来，轻声说："我不敢向您问问题。"他顿了顿，使劲咽了一下口水，然后鼓足勇气继续说道："我担心问完后，您会扯下我的裤子，让我赤裸裸地站在众人面前，最后尴尬收场。"

我这才知道，原来我回答问题的方式是那样令人难堪。与其说我是在分享信息，不如说我在进行信息轰炸。这件尴尬的事发生在20多年前，但每当有人向我提问时，我都会想起它。那个年轻人的勇气改变了我的生活。从那天起，我尝试关注每一个向我提问的人，尽力体谅对方的感受和处境，努力以理解和爱的态度来面对问题。

导师赋予自己价值

格雷格·邓肯是另一位成功的安利伙伴，他的故事深深打动了我，对我有所裨益。

"我们当时住在夏威夷的一家海滩度假村，"格雷格告诉导演史蒂夫·泽欧里，"我以前从来没和理查·狄维士单独相处过。劳里和我还是个新人，不好意思去约这位大忙人。听说他每天早晨都会去海滩散步，所以来夏威夷的第一个早晨，我 7 点就起床了，然后沿着沙滩散步，希望能偶遇理查，但是失败了。第二天我 6 点起床，又没有遇到他，我只好放弃。当我来到自助餐厅，准备吃早餐的时候，理查突然出现在我的面前，端着个果盘，看着我。"

"'早上好，格雷格。'他竟然记得我的名字。'不介意一起吃早饭吧？'由于我是个新人，对这个事业有太多疑问，迫不及待地希望理查·狄维士能够给予我指导。我们一起吃了 45 分钟的早饭，其间他几乎没有说一个字，只是不断地问我一些小问题，直到我发现，本来这些问题是我想问他的，结果我自己却全部回答了。他让我明白，领导者更应当是倾听者，而最成功的良师应当懂得提出问题，而不是回答问题。"

"与理查分别前，"格雷格回忆道，"他给了我一些终生难忘的建议。他提醒我说：'年少有成有一个弊端，那就是人可能会变得自满，然后就永远安于现状了。'然后，理查将积极影响他人的梦想留在了我的心里，而我花了几年时间才相信这些梦想的确可以实现。'当一个梦想成真时，'他建议我说，'要找到一个更远大的梦想来替代它。远大的梦想会使你永葆活力与激情。'"

对于我们中的大多数人而言，父母是我们的第一任导师，他们传授给我们的东西，被我们传递给下一代，进而传递给子子孙孙。

斯坦·埃文斯的父亲是一位农民。斯坦认为，他之所以能在安利事业中取得成功，要归功于他的父亲。他回忆说："播种时，邻居会向父亲借用播种机，而我们也会在收割季节向邻居借用收割机。有时候，邻居还回来的机器已经生锈、没油或者坏掉了，但父亲每次还机器的时候，那些机器的状况总是比刚借来的时候还要好。"

"'儿子，不要只是一板一眼地做事，'他说，'应当更加慷慨，这样你的邻居会永远记住你的。'"

"如果父亲借来的机器坏了，"斯坦继续回忆道，"父亲就会把它修好。如果设备需要修整，父亲会进行彻底检修。如果传送带老化了，父亲就会更换它。如果轮胎被磨平了，父亲会装上一个新的。当然，慷慨是必须付出代价的，但从长远来看，慷慨为他带来了丰厚的回报。"

"'每次我想付点使用费，'我父亲解释道，'他们总是不收。所以，在归还设备之前，我会把它们修好、加满燃料、清洗干净，以此表达谢意。一般人可能只会给机器抹点油、冲冲泥，但我希望那个将设备借给我的人能记住我，这样，当我再向他借时，他就会毫不犹豫地同意。'"

"父亲总是以身作则，"斯坦满怀感激地回忆道，"他教会了我要设身处地，为别人考虑，想让别人怎样对待自己，就要先怎样去对待别人。我将这一原则传授给了家人和事业伙伴，大家都受益匪浅。"

乔和西里尼·维克托也在家庭和安利事业中展现了"父母的影响力"。乔是俄亥俄州凯霍加福尔斯市的一名送奶工，他的梦想是拥有自己的事业。理发师弗雷德·汉森从沃尔特·巴斯那里了解到安利事业机会，然后他把这个机会分享给了在凯霍加福尔斯市的乔和西里尼·维克托夫妇，维克托夫妇转而又将安利事业介绍给了儿子乔迪、罗恩和儿媳凯茜、德布拉。

"我还记得你将第一车产品运到我家的那天，"乔迪最近对我说，"当时我只有 11 岁。你让我给那批安利产品贴标签，每瓶付我五分钱。晚上我就躺在自己的床上，听着你同我父母、汉森夫妇、杜特夫妇一起商讨市场营销计划。"他补充道："我虽然还小，但那个梦想已经深深地吸引了我。"

起初，我们的小制造厂位于密歇根州亚达城，而最初的营销伙伴都在俄亥俄州的凯霍加福尔斯市。为了适应快速发展的业务，西里尼·维克托将家中的樱桃木餐桌锯开，变成两张桌子给自己和乔使用。现在，维克托夫妇已经拥有一栋有多间办公室和会议室的复式建筑。显然，他们对孩子的教育很到位——如今，乔迪和凯茜、罗恩和德布拉也拥有了很成功的安利事业。

"当年我们住在凯霍加福尔斯市的一栋狭小的木屋里，"乔迪回忆道，"我们没有客厅，因为父亲把它改装成了办公室。小时候，来我家的人络绎不绝。在我童稚的眼睛里，那些消极的人变得积极，没有工作的人变得忙碌，绝望无助的人重新燃起了希望，这是多么令人激动啊！"

"是什么让这一切发生了变化？"乔迪突然从椅子上站起来，激动地在房间里走来走去，"是因为我心中的英雄和老师——我的父亲，感染着那些人，也相信着那些人。人们竟然在一夜之间发生了改变。我是多么幸运，在很小的时候就能耳濡目染这一切。感谢我的父亲，也感谢维克托家族的人们，还有无数像他们一样在企业、家庭、学校乃至全世界各个角落默默无闻、无私奉献的良师益友们！他们改变了成千上万人的命运！"

兄弟姐妹们同样拥有传递梦想、鼓舞和激励梦想家的伟大力量。比尔·贝瑞德就看着自己的兄弟加入安利事业并取得了成功。"佩吉和我都为我的兄弟鲍比和他妻子米茨感到骄傲。"比尔告诉我们，"当看到自己最爱的人取得他们从未想过的成就时，那种美妙的感觉简直无法想象。"

在开始了自己的安利事业后，格雷格和劳里·邓肯将他们的梦想传递给了格雷格的兄弟布拉德。"格雷格不仅给我提供了一个生意机会，"布拉德回忆说，"也成为我和妻子朱莉的榜样和良师，他们美满的婚姻和家庭同样令我们羡慕不已。"

布拉德和朱莉·邓肯鼓励朱莉的双亲鲍勃和路易丝·艾卡德加入安利事业，两位老人也成功创业，还带动了格雷格和布拉德的父亲大卫·邓肯。"成为一名成功的企业家是我一生的追求，"老邓肯说，"我拥有自己的租赁公司和建筑公司，但这个特别的梦想是孩子分享给我的。"大卫和妻子达琳还邀请他们的三儿子德鲁成为我们中的一员。

父亲的影响力，母亲的影响力，兄弟姐妹、子女的影响力……我们每个人都具备影响身边其他人的能力。"在你结婚生子以后，"比尔·贝瑞德提醒我们说，"你就不仅仅是要同这些孩子打交道了，还要同他们的孩子以及他们孩子的孩子打交道。无论你向他们传授什么——好的或坏的——他们都会代代相传下去。当你教导自己的孩子时，你会对你的孙子女、曾孙子女以及之后的每一代人都产生深远的影响。"

提防不称职的老师

可靠的良师不会滥用你的时间。 如果某个所谓的"良师"强迫你做能力范围以外的事；如果你正越来越感觉到疲惫不堪，一定要当心！可靠的良师会鼓励你放松身心，会肯定你的勤勉，但一定会在你超出能力极限时提醒你，并帮助你重新掌控生活。

可靠的良师不会滥用你的金钱。 如果某位所谓的"良师"妄图控制你的金钱；如果你发现他在欺骗你，或者向你隐瞒你所拥有的东西，一定要当心！可靠的良师会帮你管理好财务，但他会坚持让你自己作出最后的决定。他会帮你实现财务独立，而不会为了一己之私而利用你的钱财。

可靠的良师不会滥用纪律。 很多人不愿意自己作决定，情愿让比他强的人替自己决策。但是，如果某位所谓的"良师"当众羞辱你，在言语或身体上以任何方式虐待你，一定要当心！可靠的良师永远不会这样做。如果他不小心做错并伤害了你，他一定会立刻向你道歉。可靠的良师会帮你提升自己，而不是摧毁你。他们的目标是让你独立，希望你依靠自己，而非依靠他们。

可靠的良师不会滥用性关系。如果某位"良师"想在你的生活中施加影响力，谋取性利益，以满足自己的欲望，一定要当心！一位可靠的良师绝不会对你进行性侵犯。他的举止一定会非常得体，即使在你容易受伤害的时候，他也绝不会乘人之危。

可靠的良师不会滥用私交。如果某位所谓的"良师"试图破坏你的人际关系，要你只相信他一个人，一定要当心！可靠的良师会重视并促进你同妻子或丈夫、子女和朋友的关系。他会时常提醒你，人际关系的成功远比赚得百万美元更重要。

可靠的良师不会滥用权力。如果某位所谓的"良师"拒绝回答你所提出的任何问题，试图切断你同外界的联系，一定要当心！可靠的良师不会被你的问题吓倒，反而会竭尽全力地为你提供中肯、直接和全面的答案。值得信任的良师会尊重你本人、你的价值观、你的精神信仰和风俗习惯。他们会同你分享他们的经验，并由你自主决定如何回应，他们绝不会轻视你，更不会贬低你。

可靠的良师永远在成长

查尔斯·梅奥曾写道："对于一个病人来说，把他交给从事医学教学的医生们治疗才是最安全的。而要成为一名真正的医学教师，你首先要学会做个学生。"那些生活和事业双丰收的人从来不会停止成长，他们是伟大的导师，因为他们始终渴求得到他人的教导。他们的天赋和经历各不相同，却都遵循着一条黄金法则："爱他人如同爱自己。"爱是成长的源泉，也是实现自我与成功创业的秘诀。

比尔·贝瑞德或许没有从酒鬼父亲那里得到过爱，但他的祖父却以实际行动让他感受到爱的力量。他仍然记得那天，祖父把他拥在怀里，替他擦去泪水，告诉他："总有一天，一切都会重新好起来。"

"我祖父的农场就在北卡罗来纳州金斯顿的郊外，"比尔回忆道，"我还记得那些砖砌的狭小农舍，屋檐很宽。祖父的摇椅放在那儿，好像庄严的王座。坐在摇椅上，你可以看到菜园子和厨房，远处的烟草田，绿油油的草地，还有在静谧的小河边吃草的牛羊。

"我的祖父是我的第一位导师。在我三四岁的时候，我记得每到黄昏时分，祖母就会在厨房里走来走去，忙着烘烤馅饼，或从炉子里夹出烙铁熨烫衣服，而祖父则坐在他心爱的椅子上，听着老式收音机。

"'到这里来，小比尔。'通常在新闻结束时，祖父会故意粗声粗气地对我说。我跑到他跟前，他会用双臂突然把我抱起来，高高地举向房椽，毫不在乎祖母在一旁轻声嗔怪。祖父稳稳地举着我，开始哼唱他那首乡村版的《稻草里的火鸡》。我在他手掌里上下微颤，有点失去平衡，但只是略微有些害怕，因为我知道，在他那强壮的臂弯里，我会非常安全。

"在我六七岁的时候，父亲酗酒的习惯越来越严重，他发起酒疯来就好像要毁了整个家。我们每天都生活在恐惧中，生怕哪句话又惹他不高兴。一天下午，祖父目睹了我父亲的狂暴蛮横，然后严厉地对他说：'我要把这个孩子带回家，他要在我那里住上一年，或者更长时间。'随后，母亲将我的衣物装到一个小手提箱里，然后她带着我骑马穿过旷野，来到了祖父的农场。"

"经过一番长途跋涉，我们在周日早晨才回到祖父家，"比尔回忆道，"我仍然记得祖母当时做的乳酪饼干，蘸着自制黄油和野生浆果酱，美味极了。吃完饭后，祖母又匆忙回到厨房里忙活，祖父就去前廊边的摇椅上坐着。我站在前厅走廊上，感受着周围的宁静，欣赏着夏日蔚蓝天空中飘浮的朵朵白云。突然，我感到莫名的悲伤，从心底里涌出一股想要哭泣的冲动，我不知道这究竟是为什么。泪水在眼眶里打转，不论我怎么努力，它还是禁不住夺眶而出。然后，祖父抱住了我，他轻轻地把我举起来，抱着我穿过走廊。我坐在他的膝盖上，现在我还记得他用粗糙的双手抚弄我的头发的样子，仍能听到他的喃喃自语：'会好的，孩子，一切都会好起来的。'我在祖父的怀里躺了好久。

我从来没有感受过父亲的怀抱，从来没有把头靠在父亲的胸膛上，也从来没有把眼泪滴到父亲的脸上。慢慢地，我停止了哭泣，靠在祖父的羊毛背心上。在那个奇妙的瞬间，我听到了从未听到过的一种声音，那是祖父的心跳。那是一颗宽宏大量、饱经沧桑而且充满了爱的心。在那一刻，我幼小的生命中第一次感觉自己是被爱的，并且相信只要有祖父那样伟大的爱，一切都会好起来的。"

10
我们需要什么样的目标

> **信条 10**
>
> 成功只会眷顾那些拥有目标并为此坚持不懈的人。
>
> 所以,要制订短期和长期目标,把它们写下来,随时检查进度。
>
> 达成目标要自我奖励,没有达成要自我反省。

雷克斯·伦弗罗在服完四年兵役后进入美国联邦政府工作,他作为一名 GS-3 等级的秘书,感到十分自豪。虽然处在政府机关的最底层,但对于没有大学文凭的他来说,已经是非常幸运了。他认为,只要努力拼搏,他就有升职到美国农业部的机会。到那个时候,他就会有足够的钱来创业。为了实现这个目标,他做什么都可以。

"在联邦政府工作的那些年,"雷克斯回忆道,"我想,只要我足够努力,加班加点,不断提高自身技能,就会赚到足够的钱,创立自己的事业。转眼我40岁了，梦想却在我面前突然破灭了。"

有一段时间，雷克斯的妻子贝蒂·乔·伦弗罗找了份工作补贴家用。后来，他们从格林斯伯勒的孤儿院先后收养了德鲁和梅琳达·乔，贝蒂便辞了工作，在家照顾孩子。

"孩子们那么小，我们期望有人能全职照顾他们。"她回忆道，"虽然这种思想已经过时了，但我们还是希望家中充满孩子的欢声笑语。我们希望，在德鲁或梅琳达擦伤膝盖或失去朋友的时候，我们当中能够有一个人陪在他们身旁。我们希望孩子们能够从我们这里学到爱的真谛和责任的意义。"

为了贴补家用，雷克斯晚上和周末会到加油站兼职，负责给汽车加油、换机油，擦洗挡风玻璃。即便如此辛苦，他也没放弃创业梦想。政府派他到哪里，他就带着妻小搬到哪里，从北卡罗来纳州到新墨西哥州，再到南达科他州，最后是美国农业部在华盛顿特区的总部。在那里，雷克斯每天5:30起床，经常到晚上6:30以后才回家。

"为了赚取每周那几美元的报酬，我熬了26年非人般的日子。"雷克斯回忆道，"我如愿地升到了GS-14职级。这些年我一直认为，只要我升职，就能为创业存够启动资金，就能离梦想更近一步。"

那天早上，阳光普照，但雷克斯·伦弗罗并没有感到它的温暖和舒适，相反，他的内心充满了忧虑与失望。涨薪的速度远远赶不上物价上涨的速度，这么多年下来，贝蒂·乔和雷克斯竟然一点积蓄都没有，每到月底都囊中空空。就在前一天，雷克斯问他的上级他什么时候可以再申请晋升时，上级很遗憾地告诉他："雷克斯，这是你能胜任的最高职位了，再往上的职位必须有大学文凭。"

"我有一个梦想，"雷克斯说，"就是能有属于自己的事业。但经过了半生的努力，我发现这个梦想根本无法实现。当上司对我说，不论我工作多么努力、多么出色，像我这样一个没有大学学历的人不会有更大发展空间时，我简直就像遭到了当头一棒。"

你也有创业梦想吗？有些人很轻易地就实现了梦想，而对像雷克斯这样的人来说，追梦之路又长又艰难。在回首往事时，我和杰也感叹让梦想成真花去了我们半生的时间。我们也走过很多弯路，还有过一两次"灭顶之灾"。

高中的时候，我和杰就梦想一起干一番事业。放学后，我们经常在一起谋划未来。在杰上高三的时候，他的父亲给我们提供了第一份工作。在杰父亲的汽车修理厂里有很多二手车，他让我们把两辆二手小型载货卡车运到蒙大拿州的一个顾客那儿。我们开着小卡车，兴奋地行驶了4000英里，用了三周的时间完成了这趟西部之旅。我们在为自己工作，即使遇到爆胎或道路崎岖的情况，我们也享受着旅途中的每一分钟。

二战的爆发，给我们的创业之路带来了第一个重大的阻碍。我们加入了美国空军，回家休假时再次相遇，于是我们一拍即合准备创业。我们在大急流市开了一家飞行学校，但我们遇到了很多问题，首先，我们两个都不会开飞机。所以，在我们服完兵役后，便花光了所有的积蓄，雇了一名飞行员，买了一架二手飞机，挂起了"狼獾空中服务公司"的大招牌。其次，我们小镇的飞机跑道根本不能称为跑道，那只是一条布满淤泥的小道，所以我们只能在小飞机上安装漂浮筒，在附近的河道上起飞和降落。

我们利用空闲时间开启了第二个创业计划：开一家汽车餐馆。我们在飞机跑道边修了一间活动板房，每逢双日，我负责烤汉堡，杰负责派送；每逢单日，我们俩交换工作内容。虽然没有挣到什么钱，但我们一直在追求梦想，我们有了自己的事业，并为此努力着。

1948年，我和杰买下了"伊丽莎白"号——一艘长38英尺的纵帆船。我们结束了所有生意，计划用一年的时间驾着它沿大西洋海岸线航行，途经加勒比海群岛，最后到达南美洲。这是一次有计划的旅行，我们恶补了有关船只特性和航行的知识，也学了关于船舶租赁和旅行业务的知识。在此之前，我们从来没有出过海，所以我们一手拿着航海手册，一手掌着船舵，开始了这次旅程。在浓雾笼罩的新泽西州，我们迷失了航向，在浅滩上搁浅。当时发现我们的海岸警卫队很是吃惊，他们不得不用绳子把我们拉回了大西洋。

等我们学会了如何航海，可怜的"伊丽莎白"号却早已破损，船身上有一个很大的洞。1949年3月的一个深夜，我们从哈瓦那驶往海地，途中这艘老帆船开始渗水。我们拼命向船外舀水，但不管多么努力，它最终还是在距离古巴北部海岸10英里处沉到了深达

1500 英尺的海底。后来我们被一艘美国货船救起，3 天后从波多黎各的圣胡安上了岸。

"是时候找个工作安定下来了。"一个朋友建议说，但和雷克斯·伦弗罗一样，我们仍然决心开创自己的事业，虽然无法预知未来，但我们仍在坚持。

1949 年 8 月，在我们结束了厄运连连的航行回到家后不久，杰的表哥尼尔·马斯坎特向我们介绍了纽崔莱。我们在合作协议书上签了字，开始了第三次创业冒险。

在接下来几年时间里，我们组织了一支出色的经销商队伍，它令我们的业务蒸蒸日上。1957 年，纽崔莱的创始人卡尔·宏邦邀请杰担任公司总裁，但仔细考虑后，杰拒绝了他的邀请。

梦想再一次把我们连在了一起，不论遇到什么样的艰难险阻，我们的创业初心始终不曾动摇。

1958 年，我们宣布将开发自己的生产线。1959 年，安利公司诞生了。

你的梦想是什么？ 可能你不想开一家公司；可能你更喜欢在一家大公司或者老家某个不错的小公司上班；可能你想成为一个作家或者政客；或许你已经选择了参军，加入警察机关或消防部门。不论你的选择是什么，你都有机会一展身手，做一名企业家或一个勇于挑战人生的有价值的人。不论你的梦想是什么，准则都是一样的：第一，相信自己，积极的态度相当重要；第二，找到一位靠谱的良师。当你有了正确的态度、朋友的帮助，你就可以行动了。制订一套周详的实施计划，并努力实现它！不要受你周围或内心负面因素的影响，千万不要让"你会一败涂地"或"就算你不断尝试，也不会成功的"的观念影响到你。

追随你的梦想。年轻的保罗·柯林斯坐在我办公室的椅子上。他有一个梦想。"我想成为一位画家，"他说，"这是我的一些作品。"保罗颤抖着双手把几幅油画放在会议桌上。油画上一张张充满活力、光彩照人的脸庞凝望着我。"棒极了！"我说。"谢谢。"保罗平静地回答，脸上带着难以掩饰的笑容。

保罗·柯林斯的态度是正确的。不论面对什么困难，他始终相信自己。保罗是个黑人，在大急流市的一个中下层家庭里长大。尽管老师们发现了他的天赋，但还是劝他去找一份"正当工作"，把绘画当作业余爱好。保罗没有听从他们的建议。既然老师不相信他，那他就自己相信自己。

他的老师们可没有他这么有信心。"你卖画挣的钱都不够养活你自己的。"他们说。但保罗并没有理会他们。他在18岁那年，卖出了第一幅画。那次小小的成功，更坚定了他以画谋生的信念。那天在我的办公室，当我看着油画上一张张神采奕奕的面孔，看着创作者那双充满了生机和决心的眼睛时，我无须借助艺术评论家的眼光就能得出结论：总有一天，保罗·柯林斯一定会梦想成真。

与保罗不同，雷克斯·伦弗罗没有艺术天赋，他只是一心想拥有自己的企业。实际上，雷克斯几乎一生都在拼命工作，他根本没有时间去审视自己的才华和寻找机会，更别提作出重要的决定了。

一天晚上，就在雷克斯的创业梦想即将破灭时，他听说了安利，然后开始了自己的事业，并出乎意料地取得了成功。对雷克斯·伦弗罗来说，安利就像漫漫长夜后冉冉升起的太阳，为他带来了光明和希望。

你希望如何度过一生？你喜欢从事什么工作？我还是少年时，当人们问起"你长大后想做什么"时，我很反感，因为我毫无头绪。但父亲传授给我一个梦想，这是他从自己梦魇般的经历中感悟出来的。"自己创业，"他劝告我，"不要为任何人工作，要只为你自己工作。"

19年来，父亲一直在通用电气公司工作。我念高中时，通用公司给父亲提供了一个机会，如果他接受在底特律的一个新职位，就可以得到晋升和更高的薪水。但父亲爱大急流市，他不想迫使家人和他搬到陌生的城市。

所以，父亲婉拒了这个大好的机会。不知为何，他在大急流市的上司开始处处刁难他，毫不念及他多年的贡献，甚至突然解雇了他。那时，还有一年父亲就可以退休了，可他却失去了工作、福利和退休金。从那时起，他满脑子就只有一个念头："为自己工作，开拓属于自己的事业。"后来，父亲对他自己的期待成为我的梦想。但只有梦想还不够，杰和我必须制订计划来实现它。我们必须把它写下来，并问自己："我们梦想的彼岸在哪里？我们该如何去实现？"

你的梦想是什么？如果你还不确定，不要担心。如果你已经有一个梦想，哪怕只是轮廓，也要孜孜以求地去追寻它！如果你还没有梦想，或是你还不能确定它是否可以实现，以下问题或许能帮助你作出决定。

那个梦想是你真正想要的吗？ 如果你可以选择世界上的任何工作、任何职业或任何事业，你会选择什么？暂时忘记别人对你的期望，真正确定什么才是你自己想要的。

法国哲学家帕斯卡曾说："心有其理，理所不知。"不要听信那些阻碍你发挥潜力的声音，让你的心灵做主，聆听那些能够激发你伟大梦想的声音，然后勇往直前地追求它。

我的父亲或雷克斯的父亲给了我们一个梦想，但这还不够，我们必须确定他们的梦想是不是我们自己的。

这个梦想是否有助于发挥你的天赋？ 梦想是一回事，有没有"能力"实现它又是另一回事。或许海伦·凯勒想要开车，但让她在高速公路上驾驶是相当危险的。失明使她无法作出某些选择，但她仍然拥有伟大的梦想。"如果世界上只有快乐，"她写道，"我们将永远无法学会勇敢和忍耐。"

不要惧怕自己的不足，但也不要盲目乐观。如果基础数学让你头疼，你可能无法成为一名量子物理学家；如果你已经55岁或65岁，可能终生无法成为一名职业篮球运动员；如果你晕血，那么就请你重新考虑自己想要成为一名杰出外科医生的梦想。

想想你擅长做什么以及喜欢做什么。你可能会说："我一无所长。"这是胡说八道！我们没有莫扎特那样的天赋，也只有少数人能像安德鲁·瓦茨一样琴艺精湛，我们无法和斯蒂芬·金一样写出最畅销的小说，但"天生我材必有用"。

许多成功人士并不认为自己是天才，但这并不意味着我们没有能力、毅力或努力工作的品质。不要听信任何人说你没有天赋。你有！

有些时候，人们会把天才和勤奋搞混。确实有极少数天才能够不费吹灰之力就取得惊人的卓越成就，但如果所有的音乐家和作曲家都把自己同莫扎特相比，他们就会变得非常沮丧。维达·沙宣说："不劳而获，只有在字典里能找到。"在你考虑自己的天赋时，请记住这一点。

想想你喜欢做什么，做什么对你来说比较容易，以及别人说你哪些事做得好，这有助于你认识自己的才华。如果你能把天赋和你所追求的目标结合起来，成功的概率会让你大吃一惊。

雷克斯和他的夫人贝蒂开始向华盛顿的朋友和邻居介绍我们的产品和事业机会时，他仍在农业部工作。但在晚上和周末，他会邀请人们听他的现场示范，并进行电话回访。这是一个相当艰辛的过程，不要相信那些在午夜电视节目中作秀的人，没有任何捷径能让你迅速获得财富和成功。

你是否拥有（或能找到）实现梦想的资源？ 雷克斯推崇安利事业的原因之一，就是它有较低的起步门槛。

你可以到特许经营展览会上去看一看，调查一下加入汉堡包和比萨饼连锁店的价格，看看创业之初租用和装修办公室、门市部或工作室的启动资金，再加上办公设备、硬件和软件所需的花费。连一部电话和一部传真机及 500 张商务名片也花销不菲。你能否拿得出这笔钱？这笔钱是你自己的，还是别人的？如果不是你的，你要付出多少代价才能还清？"我跟妻子加入安利所花的钱还不如结婚纪念日的晚餐费用高。"雷克斯回忆道。

不管你选择什么事业，请确保有足够的资源来帮你度过创业初期和只有低收入（如果能有一些收入的话）的困难时期。

梦想是否与你的价值观一致？ 梦想有时很危险，它们可能同我们的信念相冲突，甚至可能将我们带入深渊。你一定要事先想明白，这条路究竟通向何方。如果你达到了目标，梦想得以实现，它给你或你所爱的人带来的是欢乐还是耻辱？

雷克斯夫妇以及我们所有人都必须问自己以下这些问题：

这些产品对客户有用吗？我自己会使用它们吗？是不是有退款保证？

产品介绍是否真实完整？说明是否清楚？我能否相信它？

事业机会是否有意义？是否公平？是否进退自由？

人与人之间是否坦诚、公平、开放？同他们在一起我是否感到快乐？他们会给我、我的配偶和子女带来什么样的影响？

"回顾过去，"雷克斯回忆道，"我发现自己的梦想里始终包含着人的因素。我希望拥有自己的企业，但更想拥有能够帮助别人的企业。当我们得知这是一项助人自助的事业时，心中的喜悦难以言表,"他又补充说,"它的价值取向同我的价值观不谋而合。"

对你而言,这个梦想是否具有挑战性? 不要设定太小或太安稳的目标,要敢于拥有远大的梦想。在你能取得辉煌成就时,为什么要满足于那些平庸的目标呢?相信自己!追求你的梦想!

大部分加入我们事业的人一开始的梦想都不大,这也没什么不对。他们可能只是想要在我们的3000余种商品上获得低折扣;或者想每月多赚四五百美元来支付账单;或是想有一点积蓄以备不时之需。

如果你已经拥有梦想,那么你需要一个计划,勾勒出你要达成的目标。这个计划会为你提供衡量进步的方法,给你清晰的方向,增强你的目的性。有些人拥有伟大的梦想,但他们从不制订目标和策略。没有计划,你只能在原地打转,虚度光阴。另一些人有计划,但不够充分,他们不了解市场如何运作,因而失败。

雷克斯认为他的梦想是拥有自己的企业,其实那根本就不是他的梦想,他真正的梦想是获得稳定的收入。

"我讨厌别人的限制,"他承认,"我的创造力太强,精力太旺盛。我渴望主宰自己的未来,而这都需要钱。"

不必羞愧于自己对物质财富的欲望,我们应该为自己正当赚得的每一块钱感到自豪,并充满感恩之心。你赚的钱会帮助你和你的家人改善生活质量,还会让你有能力帮助他人(如果你有同情心的话),帮助你身边和世界各地那些忍饥挨饿、贫困交加、流离失所和疾病缠身的人。那么,你的目标是什么?你打算如何实现它们呢？

目标是什么？ 你可以随心所欲地来定义它，比如"最终结果""你努力的对象""你的努力将带来的结果或成就"。在头脑中明确目标，是让梦想成真、让计划具有可行性的第一步。

制订并完成一些短期目标，才能最终实现财务安全。创业初期，雷克斯只是希望每月可以增加三四百美元的收入。当这一短期目标完成后，雷克斯夫妇制订了更高的目标——每月增加 1000 美元的收入。然后，当雷克斯还在兼职做安利时，又制订了与在农业部的薪水相当的目标。在实现了这一短期目标后，雷克斯辞去了政府部门的工作。那时，他们已经拥有了蒸蒸日上的事业，有足够的收入使自己获得财务安全。

约翰和芭芭拉从事安利事业只是因为他们想要有更多的相处时间。"我整天忙于家庭教师协会的事务，"芭芭拉回忆说，"仅仅是在城里照看我们的孩子就够我忙的了。而约翰把全部精力都花在了管理他的汽车修理厂上，每天 24 小时都必须随叫随到。我们很少有时间在一起，更别说聊天、做计划了。"通过共同创业，他们实现了目标。

杰克·斯宾塞是一名高中老师和教练。为了拿到硕士学位，他经常会在空余时间或深夜学习。"我经常每天工作、学习 17 个小时，因为我坚信，努力工作和更好的教育是取得成功的秘诀。"然而当完成硕士课程后，他非常沮丧地发现，所有努力的回报不过是每月增加 25 美元的实际收入。他和妻子马吉希望时间和精力的投入能够带来更多的回报，于是他们加入了安利事业，并顺理成章地实现了自己的目标。

戴夫和玛吉想要在他们的家乡，也就是密歇根州的赫西镇，成功地干出一番事业。"在一个小镇上是不可能有什么大作为的，"戴夫笑着说，"别人都是这么跟我们说的。人们告诉我，我们需要到繁华的大都市去大展拳脚，实现我们的雄心和抱负，因为只有那里才能让我们达到事业的巅峰。""但我们喜欢赫西镇，"玛吉接着说，"这里地方小，治安好，人们彼此关心，来往密切，我们希望孩子在这样的环境中成长。"戴夫和玛吉最终实现了他们的目标，创立了在任何地方都会兴旺发达的事业，无论是小城镇还是大都市。

每项成功的事业都开始于一个简单的目标，然而你必须为之付出一系列的行动或提供策略。

何为策略？ 策略就是为实现目标每天应采取的行动步骤。记住这个公式：$MW = NR + HE \times T$。如果物质财富（MW）是我们的长期目标，那么自然资源（NR）、人力资源（HE）以及工具（T）就是我们用来实现目标的策略。

自然资源。 大部分商品甚至服务都涉及对自然资源的创造性使用。保罗·柯林斯的需求相当简单：颜料和画布。我们前面讨论过的那些年轻成功企业家的事业，他们的商业计划里都涉及了自然资源：玫瑰、康乃馨和蔷薇（罗杰·康纳为他的花店准备的）；鸡蛋、糖、奶油和各种天然调料（高中生开冰激凌店的故事）；散装的计算机部件（乔布斯和沃兹尼亚克的故事）；甚至是母牛的粪便肥料

（凯蒂克的孩子们的故事）。安利公司和数千家其他企业将大自然的丰富资源转化成上千种神奇的产品，每天还会有人走进密歇根州亚达城的办公室，向我展示可以提升人们生活质量的新产品。去发明！去创造！去转变！去梦想！去释放灵感！去想象！去冒险！去尝试！这个世界还有很多丰富的自然资源等待你用创造性的头脑去开发。努力吧！

人力资源。你是否在想："得了吧。像罗杰·康纳、本和杰瑞这样的人只是运气好，他们刚好在对的时间到了对的地点，我可没那种运气。"

运气的确是一个因素。但根据我的经验，是努力工作而非幸运为我带来了成功。斯蒂芬·里柯克说："我非常相信运气，但我发现，我工作越努力，运气就越好。"同其他资源一样，你的精力是有限的，不要浪费它，也不要低估它，要善于利用你的每一分精力。

在安利，人就是一切。我们把自然资源转变为数千种产品之后，接下来就是让每个人去建立自己尽可能大的、利润丰厚的事业。

工具。有各种各样的工具可以帮你把工作变得更简单、更有效、成本更低。需要说明的是，如果你计划提供一项服务（而非销售一种商品），最好考虑一下已有（或能够借到）的工具，将它们包含在你的计划中。

即使你充满自信并拥有梦想，你还需要计划才能取得成功。大多数计划都包括了对自然资源、人力资源以及工具的创造性使用。现在，让我们进一步探讨计划是如何制订出来的。

大约 20 年前，保罗·柯林斯第一次走进我的办公室时，他告诉了我他的计划。"我想画非洲人肖像，"他说，"我希望您能资助我的旅行费用。"尽管保罗满怀自信，但还需要一个可以赢利的商业计划。"我可以资助你的旅行，"我说，"但我要你 50% 的作品。"保罗面色阴沉地注视了我一会儿，"50%？"他问。"50%！"我答道。"但所有的作品都是我独自完成的。"他抗议着。"可所有的账单都得由我来付。"我回答。突然，他微笑着伸出手："合作伙伴？"他问道。"合作伙伴！"我握手同意。

保罗去了非洲，并带回了一组精彩动人的非洲人肖像画。他的第一场大型展览牢牢奠定了他作为美国主要肖像画家之一的地位。同时，他也展现出自己作为商人精明的一面。保罗的计划很简单。"我卖掉了属于自己的那部分作品，"他说，"并用那笔收入来旅行、建工作室、维持日常开销，继续作画。这些画全部卖完后，我过上了舒适的生活，而我的投资者也能从中获利。"

"这是我的商业计划，"比尔·斯韦茨边说边递给我几页打印纸，"上面是我创业所需要的全部东西，包括预算说明。"比尔是一位大一新生，几周前，他曾向我咨询创业建议。"看看你的后院吧（意为从小事做起）。"我告诉他。"我后院有个垃圾场。"他答道。我们俩大笑，突然，比尔眼睛一亮。几天后，他带来了一个计划。

"我的后院到处都是宝，"他惊呼，"旧椅子、桌子、沙发、床架、床垫、梳妆台、台灯和地毯。"他咧嘴笑着。"家具是市场上最耐用的商品，"他继续说，"永远都有价值。但人们不喜欢买二手家具。所以我要在一个整洁、安全、高雅的地方出租二手家具。这是我开始创业时所需的清单。"

我看着比尔的商业计划。大多数计划都会回答这些基本问题：何人、何地、何事、何时、何价。

我想做什么

销售一种产品？

提供一种服务？

提升我的艺术才华或运动能力？

- **我要怎么做**

    采取哪些步骤实现我的目标？

    在此期间我需要哪些人的帮助？

- **为了完成目标我都需要些什么**

    我需要哪些自然资源？

    我需要哪些工具？

- **我在哪里可以做得最好**

    在一个我可以利用的地方？

    在一个需要我开发的地方？

- **做这个需要多少金钱**

    自始至终我一共需要多少资金？

    我从哪里筹措这笔资金？

    我自己是否有足够多的钱？

我是否需要借款？

我是否要为自己的想法找投资合伙人？

- **我需要多久才能收回成本**

我应要价多少？

我计划获得多少收入？

计划再好，有些问题也只能靠推测。创业有风险，因此需要尽量制订一个完整、可靠的计划。设定目标，制作一份条理清晰的策略表，仔细描述你计划如何完成这些目标。在每个策略的旁边都贴上标签，并排出你希望运用这些策略的时间表。然后将你的全部计划交给你的良师益友，听取他们的意见。

我快速翻着比尔·斯韦茨的计划。这份计划的行距比较大，有四五页，回答了我在前文中列出的全部问题。同大多数业务人员（尤其是银行家）一样，我只对最后几行字感兴趣，也就是比尔认为他的计划所需的成本。"5万美元？"我低声说，略带惊讶地抬起头望着他，"那可是一大笔钱。"

"我知道，"他回答，"为了贷款，我走访了两位银行家，他们也这么说——他们都嘲笑我。"

随后，比尔承认，他希望我给那两位银行家打电话，告诉他们我可以为他的贷款作担保。我没有这么做，而是问了他一些问题，比如，"为什么你的新店需要地毯，比尔？为什么不干脆用水泥地板？你要这些隔间做什么？为什么不做一个开放式的陈列室？还有，你真的需要三台计算机和两台收银机吗？开业初期，一台是不是就足够了？"

这次会面结束后，比尔的启动预算改成了5000美元。不用我打电话，银行就爽快地同意了投资。几年后，比尔·斯韦茨在四个州建起了20间家具出租展室。他制订了一个简单的计划，几经调整，最后获得了巨大的成功！

11
我们需要什么样的成功法则

> **信条 11**
> 正确的态度、行为以及承诺有助于达成目标。

1970 年，对于年轻的保罗·米勒及他的北卡人橄榄球队的队友来说，无疑是最激动人心的一年。在经历了一次严重的背伤手术后，医生告诉保罗·米勒："很遗憾，你永远都不能再打橄榄球了。"保罗心里却不认同医生的判断。出院仅两天，他就穿着笨重的背部支架，开始了康复训练。在这一过程中，保罗表现出了难以置信的坚毅。经过不懈的努力，他终于又回到了首发阵容中。同年，在他的带领下，北卡人队参加了大西洋海岸冠军赛和"桃子碗"大赛。1971 年，他带领球队获得"鳄鱼杯"，并被选中参加在得克萨斯州拉伯克市举办的全美教练比赛。此外，他还带领队伍晋级了 1971 年的"短吻鳄碗"大赛。

"当时，我认为职业橄榄球球探将会接踵而至，邀请我加盟，"保罗回忆道，"但是我没有接到任何一个电话或者一封邀请信。那时我才知道，我的职业生涯结束了，一切必须重新开始。然而不幸的是，我和很多同学一样没有人生目标。我考虑过经商和学法律，甚至到查普尔希尔读完了法律学位，并通过了职业考试，随后进行了16个月痛苦的实习。但这一切却没有点燃我对生活的热情，直到我开始考虑自己创业。"

"我已经不记得在参加推荐会之前喝了多少酒，"保罗回忆道，"只知道我卡着时间到了会场，我们坐在后排，互相推搡，咯咯地笑得像个疯子。最后，我花27美元买下了销售样品套装。回到宿舍，我脑子里一片空白，根本不知道该怎么做，更别提创业了。"

很幸运，就在第二天，保罗收到了一个陌生人要一箱洗衣皂的订单。遗憾的是，他还不明白我们是要送货上门的。尽管他得到了第一笔订单，却没有完成它。

在与黛比邂逅并结婚几年后，保罗终于开始认真考虑创业。他回忆说："当时我在佩吉·贝瑞德手下做库管员，每天的工作就是卸货、摆货、接收和填写订单。在这期间，黛比和我还经常听音频课，阅读书籍，直到我们的大脑被塞得满满的。终于有一天，我和黛比开始行动了，我们静下心来从最基础的工作做起，直到我们的安利事业结出累累硕果，并最终梦想成真。"

在20年时间里，米勒一家的安利事业获得了巨大的成功。有人问他们是如何做到的，他们毫不犹豫地回答说："我们总是会坚持做好最基础的工作。"

无论你想创立什么事业,基础工作永远都是最重要的。在你前进的道路上,要始终铭记约翰·卫斯理说过的那句话:"切忌被书本所吞噬,因为爱远远比知识更重要。"如果说我从这句话中学到了什么,那就是当所有的技能都爱莫能助的时候,努力工作(而且做最基础的工作)一定能够让我们安然渡过难关。

逆境也可以成为朋友

劳里·邓肯16岁时遭遇了一场严重的车祸,头重重地撞在汽车的挡风玻璃上,她被撞碎的玻璃刺穿了面部。在脱离生命危险后,这个小姑娘开始了长达几年的整容之路。不难想象,对于一个十几岁的妙龄少女来说,看到自己脸上密密麻麻的伤疤是何等的痛苦。

"刚开始的时候,我真希望自己死在那场车祸中,"劳里说,"回到学校后,老师和同学都用同情但有些异样的目光看我。那些曾经心仪于我的男孩子连看都不再看我一眼。每一次整容手术都像噩梦一样,术后脸上还会增加几条新的伤疤。无论我如何努力,都无法从悲伤的阴影中走出来。"

人的一生中总会遭遇各种各样的不幸:生意失败、朋友离去、病痛折磨、死亡威胁、梦想破灭……

"如今回头看这场悲剧,它教会了我两个重要的道理。"劳里充满感激地说,"第一,我学会了接受我无法改变的事情;第二,我学会了如何作出改变，让情况有所改善。"九年之后，劳里嫁给了格雷格·邓肯，组建了一个美好的家庭，共同创立了一份成功的事业。

"我们之所以能成功，"格雷格说，"大部分都要归功于'不以物喜，不以己悲'的心态。无论一帆风顺，还是荆棘密布，我们都能从容面对。这是劳里教给我的。如果把困境视为自己的良师益友，它就不会那么让人心灰意冷了。"

杰夫·摩尔是一名在部队服役的拳击运动员，如果当时不出意外，他肯定能够在国际赛场上取得好成绩。然而在战场上，他乘坐的车触雷，他的耳膜由于剧烈爆炸而破裂。经过长达6个月的手术治疗，他的耳朵没有任何好转。随后杰夫与安德烈娅·摩尔前往阿拉斯加，从事输油管道方面的工作。在那里，他们买下一所房子并开始投身于食物及渔猎用具生意，不料生意却失败了，这让他们本不富裕的生活雪上加霜。

不过，他们并没有被绝望和恐惧吓倒，反而掌握了在逆境中生存的本领。很快，杰夫和安德烈娅开始了他们的安利事业，他们不但还清了所有的债务，事业也蒸蒸日上。

"无论遇到什么，"杰夫说，"我们从未放弃。我们的生活不会因为突如其来的悲剧而停下前进的脚步。多年的奋斗已经让我明白，即使在遭遇不幸和挫折的时候，也应该勇敢地站起来，做该做的事情，而不是怨天尤人。"

如果你曾经遭遇不幸，要学会从那些艰难的岁月中吸取教训并重新开始。即使你没有大学学位，甚至连高中也没有读过，这些都不重要,最重要的是要利用你所拥有的,并将其发挥到极致。即使你今天什么东西都没卖出去,那也没关系,也许明天你就可以卖出去很多东西。多想想能从这场悲剧中学到什么,让不幸成为你的良师益友吧!

永远要记得"回归常识"

丹·威廉姆斯坐在路易斯安那州立大学的一间隔音棚中,接受关于严重语言障碍的一系列检查。一旦确诊,这将会成为他社交及职业生涯中最大的阻碍,这一度让他很沮丧。但如今,丹与妻子邦妮·威廉姆斯已经拥有了庞大而成功的安利事业。丹的口吃只是一时让他们的梦想受阻而已。他经常开玩笑地说:"在给我们打电话的时候,如果电话已经接通但并没有人应答,千万不要挂断,我正在努力说话。"

大学里的语言障碍矫正师要求丹做一些能够克服口吃的练习。"但要真正地解决问题,还是要靠自己,"丹回忆道,"我必须先掌握能够让我流畅说话的最基本的技能,然后再花费一生的时间去练习。"

从一开始,丹就发现幽默是一项最基本的技能,它可以有效地控制口吃。他对此解释说:"讲一个动听的故事能够让我感觉很放松,听的人也会有同感。"

"如果连丹都能成为一个成功的演讲者,"邦妮说,"那任何人都能做到。事实上,"她继续半开玩笑地说,"我们的生意在早期发展那么快,正是因为人们从丹那里能明确地听懂并领会他的计划,因为口吃,他每次在解释的时候,都要重复三四遍。"

起初,丹会记下并仔细练习讲每一个幽默段子。现在,演讲的时候,他能够利用这些信手拈来的幽默段子强调自己的观点。最终,丹赢得了人们对他的关注和尊重。

"但幽默只是我必须学会和练习的基本技能之一,"丹解释说,"如何将自己的想法有效地传递给他人,是我学会的另一项基本技能。"他看看我,随后又说道:"理查,我注意到,当你已经成为公司总裁的时候,你依然亲自冲咖啡,为大家提供甜饼,甚至清理房间,其实这些你本可以让其他人去做的。在我和邦妮赶飞机的时候,你亲自送我们到机场,并帮助我们提行李。时刻关注别人、敏锐地觉察他人的需要,是任何事业取得成功的基本要素。我很早就意识到了这一点,而且我发现,我对别人的需要越敏感,就越觉得自己的口吃不算什么。"

你的事业所要求的基本技能是什么?你是否曾尝试过列出清单,写明你取得成功必须做的事?如果你真诚地反复实践基本技能,你的事业将会蒸蒸日上。如果你变得懒惰,日复一日地浪费时光,你只会走向失败。

重视每一美分

还记得佩吉·贝瑞德的父亲 G.B. 加纳——那个做冰箱修

理生意的人吗？在1929年，他还是一个毛头小伙时，股市崩盘了，就在那个时期，他把宝贵的人生经验传授给了自己的女儿。

佩吉告诉我们："父亲教育我要对金钱负责任。他说：'如果你现在有钱，那么就应该为明天存一些钱。'"我们应该记住一条古老的法国谚语：无债一身轻！巴尔的摩科尔特斯橄榄球队前运动员布莱恩·哈罗什安也说："以前，我一直提着一个有洞的钱袋子生活，直到有一天，我意识到我必须自己去堵上这个漏洞。"

要花钱的时候，我们是否该好好地问一下自己：我真需要这个东西吗？或许可以容后再买？我今天、今月、今年又存了多少钱？我们必须学会用储蓄来衡量成功，而不是通过消费支出衡量。

格雷格·邓肯问了这样的问题："如果去存钱，你会选择每个月存一万美元，还是选择第1个月存1美分，第2个月存2美分，第3个月存4美分，第4个月存8美分，依次类推，一直到第30个月？"对我来说，我真的想不出自己会选择哪一种，但格雷格会选择第二种。他说如果你每月所存的钱数是前一个月的两倍，那么30个月后，你的总存款将达到1073.741824万美元。

存钱应该从一分一分开始，抛开那些暂时的物质诱惑，为你的长期目标努力。起初你可能觉得这没有什么，但长期下来，这将是一笔丰厚的财富。

重要的事情重点去做

我们的好朋友比尔·尼科尔森，曾经帮助安利公司实现了一段令人难以置信的快速发展，他讲过一个关于他父亲的感人故事。在比尔还年轻的时候，他和父亲相约去钓鱼。平时，他们两个都很忙，根本没有时间碰面。他们都有太多的事情需要去做。那天，在船上，比尔的父亲突然十分痛苦地抓住自己的胸口，他的心脏病犯了。比尔听到父亲说的最后几个字就是"不该是现在！不该是现在！"。

马克·吐温曾说："今日事，今日毕。"但说得似乎有些绝对。我们虽然为自己设定了一些长期目标，但是，每天都会有一些重要、紧急、关键的事情插进来。如果这个目标对你很重要，那么你今天就要想办法去做。我们并不知道比尔的父亲在离开人世的那一刻心里到底在想什么，我们只知道他说的最后一句话是"不该是现在！"，每次听到这个故事，我就会再次下定决心，立刻去做那些对我来说很重要的事情。

每一个人都有超乎想象的潜能

克里斯·切雷斯特在演讲中这样说道："如果那两个来自密歇根州大急流市的荷兰裔男孩可以从破产和海难的遭遇中走出来，并且拥有一家价值百亿美元的公司，以及一支 NBA 球队，那么任何人都可以做到。"

这种说法，我绝对赞同。

布莱恩·海斯通过一名卡车司机的介绍，选择安利来开创自己的事业。他回忆说："当时我认为那名司机不过是个骗子，差点把他赶出去。但谢天谢地，幸亏我认真听了他关于安利事业的说明。"事实上，正是那位平凡的、默默无闻的卡车司机，让布莱恩成为摩托罗拉历史上最年轻的副总裁，并且和妻子玛格丽特共同拥有了非常成功的安利事业。

当丹和珍妮特·罗宾逊第一次见到理查德的时候，对他的印象并不是很好。"理查德是一名擦鞋匠，"珍妮特笑着回忆说，"他甚至都没时间抬头看你一眼。当时他留着披肩发，凌乱的胡须看起来脏兮兮的，骑着又旧又脏的自行车，说话嘟嘟囔囔的。但我们还是认真地向他介绍了安利，理查德和他的妻子当场就决定加入。"

"我们实在是小看了理查德，"丹承认，"在几周内，他刮掉了胡须，买了第一套西装和领带。在和他的每一次沟通中，我们都能看到他目光中的自信在增长。"

不要以貌取人。始终要记住，那些你认为最有可能成功的人也许会放弃或失败；同样，你认为最有可能失败的人有时候反而能一鸣惊人，取得成功。

失败是成功之母

无论是在安利，还是在其他企业，那些在一开始遭遇失败，但随后又走向成功的故事，总是富于传奇色彩。

乔·福利奥就是这样一个例子。一个晚上，乔正在邻居家向一群围坐在一起的朋友介绍安利事业。邻居家的大罗特韦尔犬突然钻到桌子底下，朝着他的脚扑了上去。不久，他去拜访一位精神病医师，竟然被安排在一间浴室里做产品推荐。他的第三次说明会是在一个黑暗的、孤零零的街区上进行的，当他走进去房间打开灯时，惊讶地发现主人竟居住在一个用黄色警戒线封锁的房间里。他的第四次说明会是在一座闹市区的仓库中进行的。在讲座开始之前，他走进洗手间，一打开灯就发现，浴缸中有一只两英尺长的大蜥蜴正目不转睛地盯着他。

克里斯·切雷斯特做过 150 次演讲，但一次都没有成功过。杰里·伯古斯记得他从事安利事业最初的几个月简直就是一塌糊涂。他回忆说："为了确定某条路是错的，我会把同样的错误重复犯两次。"尽管如此，克里斯·切雷斯特与杰里·伯古斯并没有因此而放弃。他们犯的错误数不胜数，但他们总能从每一次错误中学到一些新的东西。他们不断审视自己失败的原因，并继续努力，最终建立起了非常成功的安利事业。

弗兰克·莫拉雷斯曾用一个很可爱的小公式来帮助他自己摆脱失败的阴影。这个公式叫作"SW-SW-SW"，即 Some Will, Some Won't, So What？意思是说："有些人会感兴趣，有些不会，那又能怎样？"在弗兰克和芭芭拉的经历中，他们所接触的人中有 1/3 会表现出对产品的兴趣，而在这些人中有 1/3 会选择参与进来。而在参与进来的人中，仅有 1/3 的人会取得成功。对你而言，无论这个比例是多少,都不要过多地担心失败。每一个向你说"不"的人,都会使你更接近那些会对你说"好"的人。

有目标才会有一切

玛格丽特·哈代出生在西印度群岛,15 岁时移居到纽约。她的丈夫泰瑞尔来自南卡罗来纳州的斯帕坦堡。他们从小就被教导,黑人永远不可能取得和白人同样的成就。他们选择加入安利,是因为我们对所有人都一视同仁。不管你的肤色、种族如何,只要付出就一定会获得公平的回报。

从事安利事业以后,哈代一家人依然没有摆脱那些"忠告"的限制。他们的儿子昆廷在很小的时候就喜欢上了安利事业,突然有一天,他扔掉我们的内刊《新姿》,眼泪汪汪地问父母:"我们永远都不会成为杰出的营销人员,是吗?"

泰瑞尔后来解释道:"玛格丽特和我突然意识到儿子说得没错。但这跟肤色没关系,是因为我们从来就没有为自己设定更高的目标,以往的那些目标都太低了。就在那个晚上,我们一家人坐在一起制订了一个长远的目标——我们要在一年里成为美国最杰出的营销人员。"如今,玛格丽特和泰瑞尔已经实现并超越了这个目标。他们的儿子昆廷也已经从大学毕业,并拥有了自己正在成长的事业。

我们所遭遇的大多数限制都是自己人为设置的。你在今年的目标是什么? 10 年内的目标又是什么?你是否曾将这些目标写下来?

你是否曾把计划做成图表,并适时修正?如果没有目标指引,你将原地不动。这不能责怪别人,只能怪你自己。

有付出就有回报

肯尼·斯图尔特白天做着建筑工作,晚上和周末忙着发展自己的安利事业。而布莱恩·哈罗什安在为巴尔的摩科尔特斯队打球时,每周还要抽出两个晚上来完成大学的会计学位,然后再利用剩余的时间来拓展市场。阿尔·汉密尔顿在第一次演讲时特别害怕,上台之前一直在发抖。不过,他还是顺利讲完了。

在日本广岛,修二与花本知子希望脱离"狭小、奢华的牢笼",到更广阔的蓝天中自由地翱翔。为此,他们放弃了固定的薪水、利润及分红,决心开创自己的安利事业。但糟糕的是,当修二的父亲听说他将加入安利时,直接给他们下了最后通牒:"不要再踏进家门。"没有什么牺牲是比违背父母的意愿更严重的了。但花本知子和修二为了实现梦想,愿意付出这个代价。

这些人工作努力,做出了很大的牺牲,并且最终取得了成功。如今,他们财务状况稳定,能有更多的时间来陪伴家人和享受自由。

你关心他人,他人也会关心你

斯坦·埃文斯犯了个严重的错误,他没有按时给顾客送订购的五加仑汽车清洗液。当他接到投诉电话时,斯坦毫不犹豫地承认了自己的错误,并许诺立即给他送过去。尽管两地相隔 120 多英里,但斯坦·埃文斯依然亲自驾车送货,兑现了自己的承诺,也因此赢得了顾客的信任。

"一诺千金,"斯坦说,"承诺过的事情就一定要做到。人们希望你是值得信任的人。一旦他们信任你,他们将永远保持忠诚。如果我欠某人 50 美元,我一定会准时把钱送到他的手上。因为我知道看到我这样做,他们也会用同样的方式对待我、尊重我。"

比尔和佩格·佛罗伦萨认识的一对营销伙伴婚姻出现了问题。于是,他们邀请这对年轻夫妇来他们家里做客。佩格回忆说:"随后几个月里,我们花了数十个晚上来开导他们。我们的工作不仅仅是获得更多的生意,还包括帮助别人解决问题。"

"在安利,"比尔说,"我们已经见证了很多婚姻破镜重圆,家庭重新复合。因为我们将人而非产品放在了第一位。当误会消除、伤口愈合时,人们会以全新的面貌回到工作中,他们的生意也会因此焕发生机。通过帮助那些希望得到帮助的人,我们自己的梦想也得以实现。"

想做就做

时代广场上挂着一块有八层楼高的耐克广告牌,上面写着:"想做就做。"想一下我们有多少梦想都葬送在犹豫不定、瞻前顾后之中。伊索就曾说过:"对于那些左顾右盼、思前想后的人,我真是无能为力。"

1979 年,当与妻子珍妮特开始安利事业时,丹·罗宾逊还是个纸张批发商。丹回忆说:"通货膨胀彻底击垮了我们的生意。虽然我们有了一栋梦寐以求的房子,但我们负担不起贷款,只能卖了它还债。"丹和珍妮特开始尝试经营安利事业,从此以后,夫妇二人的业绩年年攀升。

当蒂姆·布莱恩看到我们的创业锦囊时,还是一名小学五年级教师,他的妻子谢瑞是律师事务所的一名秘书。谢瑞回忆说:"我不想错过孩子的成长岁月。虽然刚开始创业还是有很多不确定,但我们最终还是坚持了下来。"

是否有令人感觉不快的任务在等着我们去完成?去做吧!

是否应该向前迈出充满风险的一步?去做吧!

你想开始创业吗?你想请求老板为你加薪或升职吗?去做吧!

如果你不采取行动,你永远都不知道结果。如果你现在不采取行动,你可能永远都不会行动。

关爱他人就是成功的秘诀!

汤姆·米克梅舒伊、肯·莫里斯、加里·斯米特、拉里·米勒、杰克·赖特、拉里·希尔,以及鲍伯和吉姆·洛克兄弟已经为安利工作了几十年。他们对杰和我、安利员工、营销伙伴及客户所付出的爱，教会了我们怎样去爱他人。

大卫·泰勒提醒我们说："成功的背后都有一条牢不可破的法则，那就是'爱别人，利用金钱；而不是爱金钱，利用别人'，要用爱来对待所有客户、供应商、合伙人、同事、老板和员工，爱的付出一定会获得爱的回报。"

戴夫说："到哪里可以让你的婚姻更和谐？到哪里可以恢复和增加你的自信？到哪里可以听到人们称赞你'你是胜利者，你可以取得成功'？这些问题在书本上并不能找到答案。我们要做的就是必须先帮助别人，这样别人才会更加信任我们，我们的事业才能成功。"

倾听良师的教诲

当瑞纳特·巴克豪斯决定在德国开始她的安利事业时，她已经是一位运动医学专业的实习医师了。她说："我们听别人给我们介绍事业机会、体验产品并喜欢上了它们，我们学习了销售技巧，仓促上马并开展销售，但遭遇了失败。"

"如今回首过去，我们很清楚失败的原因：那时我刚刚拿到七年制本硕连读学位，特别自以为是，觉得对一切都了如指掌。我们没有听从前辈的建议，还自认为我们比他更聪明。当我们认真思考并采纳了他们的建议之后，我们的生意情况马上就有了明显的改善。"

彼得和伊娃·穆勒·梅雷卡兹，沃尔夫冈与瑞纳特·巴克豪斯一起成功地将市场拓展到了德国的东部。巴克豪斯夫人承认:"如果没有良师的建议,我们不会取得成功。"

在契诃夫的著作《樱桃园》中,一位富有的女士问一个年轻人:"你还是个学生吗?"他的回答与我的答案不谋而合:"我认为我这一辈子都是个学生。"就算杰和我已经成为成千上万成功人士的良师,但当我们用自己的经历教导他们时,他们也在用其经验教导着我们。

机会无处不在

杰克·多格利跟我们分享了这样一句话:"当学生准备好的时候,良师就会出现。"我对这句话中蕴含的哲理思考了很多。机会就在我们身边,但只有我们准备好了,才能抓住它们。

提前为机会做好准备意味着什么?大学学位可能对你有所帮助,但这并不是说取得学位你就准备好了。金钱可能是重要的,但能为你铺平道路的并非银行中的存款。那么,所谓"准备好了"是有身居高位的朋友吗?是有具有影响力的关系网吗?是有让自己脱颖而出的简历吗?是有堆积如山的推荐信吗?

所有这些都不是。真正让你准备好去发现并抓住机会的,是某种神秘而强烈的内心企盼:"我能成功,我能做到。"这是一种我们可以互相给予的礼物,也是我们给自己的礼物。就算你身无分文,成功的机会依然会一如既往地出现在你面前。时刻准备好,找一个或一群相信你的朋友，你很快就会变得自信。在那个时候，机会就会降临，良师就会出现，你才算真正做好了准备。

当机会来敲门的时候，安吉洛·那多恩正在美国大学完成他的特殊教育硕士课程。一位同学把安利的事业机会分享给他，他立刻飞奔回家，同妻子克劳迪娅分享了这个消息。他们一拍即合，开始创业，很快就干出了一番成绩。安吉洛建议说："掌控你的生活，掌控你所处的环境，永远不要让环境控制你。"

不可半途而废

当杰和我刚开始创业的时候，我曾去凤凰城宣讲。参加那次会议的只有弗兰克·德莱尔一个人，他是从另一个遥远的城市坐公交车来的。为了支付旅途开销，他还在便利店用支票兑换了现金。虽然那时候他的银行卡里分文不剩，但他还是准时出现在了会场上。

我本来可以向弗兰克道歉，然后取消那场会议，立马乘下一班飞机回家，但我没有，我向弗兰克完整地介绍了我们的计划。他很受鼓舞，热情地与我握手，随后我们互相道别。我觉得弗兰克肯定不会加入我们了。但弗兰克回家后和他的妻子丽塔分享了自己的满腔激情，后来，夫妻俩开创了非常成功的安利事业。为了纪念那次相识，我总是称他为"福星"。

当你开始尝试新事物的时候，你总会在某个时期怀疑你是不是犯了什么大错。我有位成功的企业家朋友把这段时期称为"信任期"。回忆早期和妻子一起创业的情景，他说："我们工作的时候，感觉并没有什么方向可言，也看不到丝毫的进展。"的确，这是非常困难的时期，但它们终将过去。"你只要坚持住，"我的朋友建议说，"继续做正确的事，好运就会来临。"

大学上了还不到一个学期，我就退学了，之后再也没有重返校园。对于放弃学业这件事，我总是充满了遗憾。虽然，在我看来，大学学位并不是在商业上取得成功的必要条件，但我真的希望自己当时可以坚持下去。

在我和海伦有了孩子之后，我们认为，孩子们必须获得大学学位。我们的孩子丹最先实现了这个梦想。当他以优异的成绩在诺斯伍德大学工商管理学院毕业时，我感到无比骄傲，特意邀请朋友、邻居甚至路人一起庆祝。

现在，我们的四个孩子都拿到了大学学位，但我依然能够清晰地记得丹走上台阶领取毕业证书时的情景。我的孩子用实际行动证明了自己的才智和决心，他在我放弃的事情上取得了成功，对我来说，这是一种无上的骄傲。

那些太快放弃的人，总是想知道如果自己没有放弃会是怎样。而那些通过日复一日地工作、反复实践基本技能、拒绝放弃的人，终有一天会成为胜利者。

放弃是你与你的梦想之间最大的障碍。

为目标甘冒风险

"狭路相逢勇者胜！"安利公司每个成功的故事都证实了这句话。我还没见过有谁是没有冒过险就轻松成功的。

对有些人而言，要冒金钱上的风险。安吉洛与克劳迪娅·那多恩两人原来都拥有华盛顿特区政府中稳定的工作，但他们厌倦了微薄的工资，于是冒着失去稳定收入的风险开始创业。今天，他们不仅在经济上取得了巨大成功，还为某慈善组织筹集了上百万美元的善款。

对有些人而言，要冒名誉上的风险。伊藤绿生于富贵之家，家族中的大人物包括日本前首相以及东京都知事。对于伊藤绿而言，经营安利事业，整个家族都感到脸上无光，但她还是豁出去了，并取得了成功！

对有些人而言，要冒声望上的风险。在从事安利事业的时候，艾里克是日本一档流行电视秀的节目主持人。他不顾自己的名人身份去冒险创业，并且最终取得了成功！

对另一些人而言，要冒安全感上的风险。30岁的弗兰克·莫拉雷斯原来是钻石国际公司的执行官，他的妻子芭芭拉是南加州国家银行的联合创始人及首席运营官。他们将这些过往放在一边，冒险创业并且最终获得了成功！

俗话说：不入虎穴，焉得虎子。你的职业梦想是什么？为了追求这个梦想你愿意拿什么去冒险？

一分耕耘，一分收获

大约在三千年前，所罗门王曾写道："真心行善总会让你有所回报。"在古埃及时期，尼罗河沿岸的洪水在冬季过后开始消退，农民们清楚地知道什么时候该把种子撒进泥土中。有些农民等待着更好的播种时机，而另一些则这里播一点，那里撒一点。虽然随意播种的人也会有所收获，但是那些在适宜条件下播种的人，收获的往往要比他们期盼的多。

还记得那个做过 150 次讲座但无一次成功的克里斯·切雷斯特吗？他回忆说："在近 8 个月的时间里，我每天都要花两个半小时向别人解说安利事业，一晚接一晚，一家挨一家，但根本没有人理会我。"

克里斯解释说："我对未来有一个梦想，一个非常宏大的梦想，所以我从来没想过放弃。不过，现实告诉我，光有梦想还远远不够。以前我总认为只要走进别人的家，我的梦想就能实现。但后来我才发现，我必须先知道他们的梦想是什么，然后帮助他们去实现它，他们才会接受我。我明白了这一点后，一切都变了。当我在尝试第 151 次的时候，那对年轻夫妇终于答应了我。"

在加拿大，安德烈与弗朗索瓦·布兰查德夫妇可以告诉我们很多关于分享的经验。安德烈是魁北克省的一家连锁杂货店的老板。尽管他只上过 7 年学，沟通能力也有限，但在 1967 年他每周就可以赚 97 美元了。弗朗索瓦是律师事务所的一名秘书，赚的钱比安德烈要多。但他们俩的工资加起来还不够支付每月的账单,更别说实现创业梦想了。

"13年来,"安德烈回忆道,"我们一直在用空余时间'分享'。我们向数百个人介绍安利事业机会,打了无数个电话,奔波了无数英里。我们有时也会怀疑,也会厌倦,甚至想要放弃,但我们从未停止过'分享',最终的收获也远超出我们的想象。"

如今,安德烈和弗朗索瓦住在一栋带室内泳池的山顶小屋里。他们取得了比经济独立更大的成就,可以自由地和孩子在一起共度时光,并且投身到魁北克的儿童慈善事业之中。

正如一位先知所说:"广播良种,你将获得一场大丰收。"也许还应该加上一句:"如果放弃播种,你将一无所获。"

慷慨地帮助别人,奇迹就会发生

安利的营销伙伴遍布全球各地,他们的种族和信仰各不相同。乐善好施没有规则,也没有标准。但这么多年来,我们有一个共识:对有需要的人越慷慨,得到的回报便越多。

在从事安利事业之前,丹与鲁斯·斯特姆斯夫妇已经尝试过很多不同的职业。丹说:"德士特从一开始的时候就告诉我们:服务是成功的关键。他还反复告诫我们,'生活的目的在于给予'。一旦我们真正领悟了这句话的真谛,我们的生活也就随之发生了改变,生意也蒸蒸日上。"

弗朗西斯·培根曾说："善业无疆。"试一试，发现别人的需求并满足它，看看帮助那些比你更需要援助的人会给你、你的家庭和你的公司带来什么样的改变。

迈好第一步

你会发现，很多成功的企业家在开启一个新项目前，总会询问和回答很多重要的问题。这些问题往往包括：什么人？什么事？在哪里做？怎么做？何时做？为什么做？要花多少钱？

琳达·哈特斯和丈夫共同创业之初，对自己非常没有信心。琳达说："我发现，人没有准备是做不成事的。最开始我真的是无从下手，但随着责任感一点点地积累，我愿意花时间和精力去学习每一项技能，成功也就是水到渠成的事。"

"距离不是问题，迈出第一步才是最难的。"谨慎地迈出第一步，确定你必须做的事情，并且相信自己能够而且想要这样做。然后，你就可以将那些老问题搁置一边，开始你的冒险。因为在前面，将有太多的新问题等着你去解决。

友谊至上

当我回首在安利的岁月时，总会想起同杰·温安洛共同度过的那些时光，他是我终生的合作伙伴和朋友。不论是失败还是成功，我们都共同面对。当然，我们也有过争吵，但要是缺少了杰，我的生命必将变得暗淡无光。

我们友谊长存的一个秘诀，就是我们从一开始就约定，永远不说"我早就告诉过你"这句话。有些时候在作出决策后，我意识到自己犯了错误，但杰从来不会让我觉得自己很愚蠢或有负罪感，他对我始终充满了信任。

达拉斯和贝蒂·贝尔德建立了一份完全以友谊为基础的事业。达拉斯解释说："我们广交朋友，然后在朋友中开展业务。我们从不贴招聘广告，我们只会对想要成功的朋友伸出橄榄枝。"

我们愿意和朋友分享成功的喜悦，但是我们不强迫他们去做不想做的事情。千万不要将友谊当作冒险或前进的筹码。如果将朋友看作一种商机，我们将会永远失去朋友。你可以与朋友分享你的梦想，但你必须明白，是否追随你的梦想应由你的朋友决定。你应该把友谊放在第一位，否则你将会孤身一人。

这些年来，我在安利内外结交了成千上万的朋友。在我看来，与朋友在一起比赚钱更重要。当听到朋友去世的消息，我会感到无比悲伤。海伦·凯勒说过："听到心爱的朋友去世的消息，我感觉自己生命的一部分被掩埋了，但他们为我的幸福所做的一切，将支撑我在这个光怪陆离的世界中继续好好地生活下去。"

你有事业伙伴吗？你是如何维持友谊的？最近你有和朋友联络过吗？有没有一起吃顿饭？你给你的朋友送过花或惊喜卡片吗——上面写着：朋友，你知道我在想你吗？每个人至少要有一位挚友，这是我们一生中最重要的任务。

近朱者赤，近墨者黑

大多数人都喜欢胜利者。安利也会表彰那些取得成功的人，为他们所取得的成就欢呼。

他们之所以是胜利者，是因为他们相信自己。你与胜利者在一起的时间越长，你就会越来越相信自己也能成为一名胜利者。反之，与失败者在一起，结局则通常是悲惨的。在《亨利四世》第一部分中，年轻的王子拉着妻子跟跟跄跄地大喊："是我的伙伴，那些恶棍，将我残害到这个地步。"终日与那些挑剔者、爱发牢骚的人、悲观的人、唱反调的人、抱怨的人在一起，你的结局也会和他们一样。与胜利者在一起，有一天你会发现，人们在为你欢呼喝彩！

海伦和我参加了汤姆与凯茜·埃格尔斯顿的婚礼，我们是相识十年的老友。凯茜是一名儿科医生，汤姆是安利的首席运营官，负责管理上万名员工以及遍布全球的营销人员。他们的第一个孩子詹姆斯·沃伦（小名吉米）一出生，就因为内脏压迫肺部而被推进了手术室。一连串的大手术，让他在三年半的时间里都不能吃固体食品。想象一下，他那焦虑的父母当时肯定在想，他们的儿子这辈子还能不能吃上一口热狗？一直到吉米的弟弟杰克开始吃饭的时候，吉米才终于摆脱了每隔四小时以胃管灌注高热量流食的进食方式。

吉米在 13 个月大时,开始学说话,但他又遭受到间歇性呼吸停止的纠缠。一天早晨,父亲发现躺在婴儿床上的儿子浑身青紫,幸亏母亲用她掌握的一些心肺复苏知识救了他的命。但吉米需要做气管切开术,随后的数月他要用插入颈部的管子吸氧。在此期间,他学会了戴着氧气罩发出声音,就像在说话一般。

所有这些复杂的手术让他髋关节脱位,并失去了左膝十字韧带。尽管这些都不是致命的,但无疑为他以后的人生蒙上了一层阴影。一天晚上,吉米问正在读绘本的父亲:"为什么他们都有两条腿,而我只有一条?"他的父亲回答:"上帝太爱你了,所以在创造你的时候,就把你的腿留下来当纪念。"

如今,吉米已经 6 岁了,学会了利用一些辅助工具(比如轻便的鞋或拐杖)行走。他热爱各种体育运动,滑过雪,吃过爆米花和热狗,还会唱歌。但由于他的脊椎严重弯曲,在晚上他不得不穿着背部支架睡觉。他说他第一天晚上非常害怕,但他的父亲告诉他:"吉米,你是一个王子,这是用来保护你的盔甲。"吉米告诉他的父亲:"太好了,我现在就差一匹马了。"

跟他的父母一样,吉米勇敢地面对了所有问题,他没有抱怨,或大发脾气,或怜悯自己。当然,他们也有悲伤、失望以及恐惧的时候,但埃格尔斯顿一家知道他们将战胜一切。这个道理同样也适用于你。

借口无益

唐与南茜·威尔逊回忆起他们创业初期失败的三个原因。

"第一,"唐说,"我们没有足够的时间。南茜每天要做 10 个小时的护理工作,而我每周要带领学员训练 60—80 个小时。第二,我们不敢推荐产品。南茜特别害羞,而我在推销产品时也常感觉难为情。第三,我们不相信我们会取得成功。"

"唐是一名运动健将,"南茜说,"我是一个又高又瘦的书呆子,我们没有自信,所以我们也常常被'借口'说服。"

"然后德士特·耶格出现了,"南茜满怀感激地说,"他爱我们,相信我们能成功。当我告诉德士特我害怕在人群面前发言时,他笑着说:'你就想象下面坐的所有人都只穿了条内裤。'后来我站在人群面前发言的时候,想到他的话便恐惧全无,甚至差点笑起来。"

"我们打了一些电话,"唐回忆说,"我们成功地进行了一次又一次的演讲。每成功一次,我们的自信就多一点。德士特总是陪在我们身边,相信我们、关爱我们、教导我们、推动我们朝目标前进。"现在,唐和南茜的安利事业做得有声有色。当他们不再为自己找借口时,生活也就随之进入了全新的篇章。

约翰·克罗是一位完全有理由自怨自怜的人,但他并没有这么做。1981 年 6 月 15 日,他的妻子詹妮·贝莱正在和她的父母以及他们刚出生的儿子约翰过周末,他的儿子患有先天性疾病,而他正在附近的小镇上分享安利事业机会。大约午夜时分，他在回家的路上被四五名吸毒男子伏击了。他被强行带到一间房子里，劫匪威胁他：如果不满足他们的要求，就要杀掉他。

"我知道他们要杀我，"约翰告诉我们，"所以我抓了一把离我最近的枪。在接下来的混战中，我成功击中了一名劫匪3次，但我的头部和左手也被子弹击中了。警察赶到时，我已经奄奄一息，随后我被一架直升机送到了附近的医院。在24小时里，朋友们为我献了2000品脱①的血，其中许多人排了几个小时的队，希望能救我一命。在接下来的6个月里，他们又为我捐了5000多品脱的血。"

由于约翰知道罪犯们的样子，所以警方担心他的生命会再次受到威胁。于是，安利的伙伴不仅在医院日夜守护他，还安慰并保护了他的家人。"在这次遭遇之前，我曾经是一名体操运动员，"约翰解释道，"现在，我瘫痪在床，不得不与命运抗争。"

约翰一直记得，在他进重症监护室的第一晚，他的良师比尔·贝瑞德赶到医院，并在途中接来了他的妻子和儿子。

"我的选择非常简单，"约翰说，"要么为自己感到难过，放弃这项生意，要么怀着感恩的心，重整旗鼓，继续前进。在朋友们的帮助下，我走出来了。海伦·凯勒说过一句话，我把它贴在办公室的墙上——'如果你一直面向阳光，你永远不会看到阴影'。"

---

① 在美国，献血时所说的1品脱约为0.47升。

虽然约翰瘫痪在床，但在妻子的照顾和帮助下，他的安利事业越来越好。约翰承认："我们这样做并不是为了有更大的房子或汽车。庆幸的是，财务上的安全感，使我们有能力为儿子提供他一生所需的护理和治疗费用。更重要的是，我们随时可以在他身边，给他关爱，让他始终坚强。"

罗马诗人贺拉斯这样写道："抓住每一天！"借口就像是不会愈合的伤痕，会榨干我们的力量，直到我们死亡。时针一直在嘀嗒作响，时间也在分分秒秒地过去，你会用什么"理由"来阻止自己尝试？你会把失败归咎于谁？"把握今天！"如果托词挡住了你的去路，就必须把它罗列出来。向别人请教并解决难题，相信你自己并"把握今天"！

永不言弃

布莱恩·哈罗什安终于拥有了他想要的一切：与巴尔的摩科尔特斯橄榄球队的合约，美丽的妻子简和即将出生的孩子本。

"我的完美世界在一夜之间分崩离析，"布莱恩回忆道，"'小马队'不要我了——科尔特斯抛弃了我，我失业了，还没准备好去找一份好工作。更糟糕的是，我儿子生来就没有双脚，还少了一只手。医生遗憾地告诉我们，他有罕见的莫比斯综合征，在全加拿大仅有3例。"

"1979年，我妻子在回家途中，车子突然失控，以每小时65英里的速度迎面撞上了一辆半拖车。我被卡在一旁，眼睁睁地看着妻子在我面前死去。在重症监护室，医生告诉我，我的颈椎严重受损，能重新走路就要谢天谢地了。"

布莱恩·哈罗什安说："连我自己都很难相信我还有什么未来可言。"但最终，他像凤凰涅槃一样从噩梦中挣脱出来。他回忆说："如果没有安利伙伴的帮助，我早就陷入了绝望的无底深渊。"

后来，我们问他是如何走出那段黑暗又孤单的日子的，他告诉我们："我必须重新开始，我精通橄榄球，我可以拦球、抢球、奔跑，但我对创业一无所知。我渴望获得知识，我每周读一本书，每天听一节音频课。此外，我还在现实生活中找了一个奋斗目标，做我想做的事情，而且我也永远不会停止相信我自己。"

如今，布莱恩·哈罗什安拥有了成功的安利事业和美满幸福的家庭。是什么让布莱恩如此自信？答案似乎很神秘。但对你来说，这个答案正是你开启未来的钥匙。如果你相信自己，你就会取得成功。如果你对自己没有信心，就应该像布莱恩一样，努力学习，找到一群积极向上并且相信你的人，从痛苦的深渊中挣脱出来，让梦想成真。

结语

一位老妇人站在门口，一手拿着抹布，一手遮住阳光，眺望远方。"老师又来了。"她以母亲特有的抱怨口吻嘟囔着。

唐·威尔逊从他破败的小农舍中冲了出来，一辆加长的白色汽车朝着他们的方向驶来，最终停在乡村的路边。

"从某种意义上讲，"唐回忆说，"我的母亲是对的。德士特·耶格确实是我早年间的良师，随后我又遇到了其他几位重要的良师，包括理查·狄维士和杰·温安洛。而德士特几乎教会了我关于这项生意的所有基础知识。"

唐的妻子南茜是一名护士，多年来，她一直都在新罕布什尔一家大型医院工作。唐曾是一名高中老师和篮球教练，另外还负责当地镇上的儿童体育项目。他们夫妇都是受过良好教育、工作经验丰富的人，但两人的工资加起来却只能勉强应付日常开支。

"如果再多一个孩子，"唐回忆道，"我们就穷得够格去领食物救济补贴了。于是我们加入了安利，希望拥有一份可以提供稳定可靠的收入的事业。"

"我们一开始就遇到了巨大的困难，"南茜承认，"唐曾经形容我们是 90 天的游荡者，在开始创业 90 天后，我们才思考我们到底在做什么。29 个月后，我们仍无法靠这份工作生存。然后，德士特·耶格找到了我们，给我们指了条路。"

"他相信我们，"唐满怀感激地说，"他相信，只要我们学会了基本原理，我们就能做到最好。"德士特·耶格清楚地知道实现梦想没有捷径。不论哪个行业，只要你想大展宏图，就需要学习和实践一些特定的技巧与原则。德士特将他的经验传授给唐和南茜，他们不断坚持，最终成功创建起自己的事业。

一次，唐、南茜与父母共进晚餐。威尔逊的母亲微笑着说："我担心他是一个想从你那里得到什么东西的所谓老师。"唐回答说："他真的是我们的良师，他教会了我们如何拥有成功的事业。"

还记得前面提到的保罗·米勒吧。在他与北卡人队享受冠军赛季的时候，莫里斯·梅森是球队的更衣室助理，他是一位既聪明又有爱的黑人，已经为运动员们服务了40年。

保罗回忆说："他用一生的时间帮助运动员和教练。我刚来的时候还是一个孩子，非常自卑，很害怕自己永远都进不了球队。但莫里斯·梅森每次看着我，都称我米勒先生，这给了我成功的勇气。他做的远不只是给运动员递毛巾或者为运动员按摩疲惫的身体这些基本的工作，当我们面临巨大的压力、不安时，他用友善的话语和温柔的微笑治愈我们的灵魂。"

1982年，在保罗和黛比听到莫里斯·梅森将要退休时，他们决定以莫里斯的名义捐赠一笔奖学金，以表达对他的敬意。受捐大学为此还安排了一场欢送会，南方地区的许多运动员和教练都回到教堂山参加了这场欢送会。

"我永远都忘不了那个晚上，"黛比说，"当宣布设立莫里斯·梅森纪念奖学金的时候，来宾们都站起来大声喝彩。梅森先生坐在那里目瞪口呆，他虽然在笑，但眼泪已经顺着脸颊滑落，打湿了他灰色的西装。'谢谢你们，'他最后说了一句，'非常感谢你们！'"

保罗在致辞中说："今晚，在这座小宴会厅里，我看到了仁爱企业家的力量。我可以忘掉一切，但将永远记住梅森先生充满泪水的双眼,那好像在说,'这所大学的孩子,都将记住我的名字。这简直太让人难以置信了!'"

　　你也能成功,抓住每一天,找到你的良师,学会成功的基本准则,并将它们应用到你未来的工作中。能够让自己梦想成真并帮助别人梦想成真,我们还有什么是不能失去的?

CHAPTER IV
第四章 达成目标

12
为什么助人自助

> **信条 12**
>
> 助人终助己。我们利用时间和金钱指导、教育和鼓励他人，只是将我们所获得的一部分回馈给他们。

威利·巴斯出生于北卡罗来纳州的一个贫民家庭，他虽然才50岁，但看起来老态龙钟，岁月似乎对他异常苛刻，他脸上纵横交错地布满了打架留下的疤痕。他咧着嘴自嘲道："它们之间看起来很亲密。"

他当了一辈子焊工，每天的工作就是戴上面罩，蹲在地上，用焊枪对着一堆堆炙热的钢铁。日复一日，年复一年，被焊枪气化的金属及有害气体不断被吸入他的肺部，这让他的肺功能损伤了一半。

生活的磨砺让威利更加坚韧。他将自己的全部心血奉献给了妻子娜奥米和他们唯一的女儿。威利是家庭的支柱，所以即使医生警告他不能继续从事焊接工作，他还是拒绝辞职。每天，他都拖着沉重的步伐，气喘吁吁地赶到公共汽车站，苟延残喘地继续着这种生活。他戴上面罩，拿起电焊枪，为了自己深爱的人吸着那些致命的毒气。他宁愿自己累死，也不愿让所爱的人失望。

威利每个月要为他那简陋的房子偿还112美元的贷款，一旦辞职，186美元的残疾补贴根本不够一家人生活。面对生活的困境，他别无选择。每天清晨，他都步履蹒跚地去上班，晚上再拖着沉重的步伐回到他们那个小小的家。

我们能为威利·巴斯做些什么？

我们可以假装视而不见，若无其事地从他身边走过。

我们也可以把威利作为慈善救济对象，直接捐钱给他，或者希望某个福利项目能救济他，给他一些食物券，为他的家庭提供暂时的住处。

或者，我们可以帮助威利自助。罗恩·哈尔在24年前就这样做了。他是威利的邻居，经常能看到威利步履蹒跚地来往于车站，威利吃力的样子和沉重的脚步给罗恩留下了深刻的印象。哈尔夫妇也是在身无分文的时候，才开启自己的安利事业的。他们对威利了解得越多，就越想帮他找到一个可以走出恶性循环的办法。最终，他们向威利介绍了安利，希望能成为他的良师益友。

吉姆·弗洛尔是加利福尼亚州天然气公司的一名成功的公关经理，负责公司与洛杉矶市议会、市长办公室，以及洛杉矶县议会之间的联络工作。与威利不同，吉姆与马吉·弗洛尔的生活很优越。

他们在美丽的洛杉矶郊区有一座大房子,有可观的收入、补贴以及数额不菲的银行存款。

从表面上来看,没有人会把吉姆·弗洛尔跟威利·巴斯作比较,但实际上,吉姆并不满足,他还有未实现的梦想。佛瑞德·贝格达诺夫是吉姆的同事和朋友,他将安利事业介绍给了吉姆。

15年过去了,神奇的事情先后发生在了威利·巴斯和吉姆·弗洛尔这两位生活轨迹迥异的人身上。我希望发生在他们身上的事,能坚定你成为一名良师的决心,同时激励你加入到帮助他人进行自助的行列中。

第一步:良师相信人们具有成功的潜力

罗恩回忆说:"在我们眼里,威利并不是一个失败、无能的老人,而是一个迷失方向的人,他需要的只是一个正确的指引。"

佛瑞德回忆说:"吉姆和马吉·弗洛尔是和我们一样的人,用任何标准来衡量,他们都是成功的。他们拥有很大的梦想,但不知道该如何实现它。"

想要真正地助人自助,首先必须以仁爱的眼光来看待别人。无论我们的生活有多混乱,无论我们在生活中获得何种成功,我们每个人都应相信,我们有更多的能力与价值。

在罗恩出现之前,几乎没有人相信威利的潜力,包括他自己。罗恩认为每一个努力工作、坚守对家庭承诺的人,都有其特别之处。他信任威利,对他的未来充满信心,并且愿意身体力行地去实践这种信任。

对于佛瑞德而言，信任吉姆·弗洛尔要容易得多。因为吉姆肯定能在成功的基础上更上一层楼。尽管如此，劝说吉姆继续前进也并不容易。为什么要开始新事业、冒新风险，在荆棘密布的道路上继续攀登？那不是自找麻烦吗？吉姆有太多的理由说不，所以如果想成为吉姆的良师益友，佛瑞德就必须克服这些阻力。

尽管威利与吉姆的差异显而易见，但他们有一点是相同的，这就是有人相信他们具有成功的潜力。

第二步：良师勇于告诉他人拥有潜能

相信威利拥有潜能是一回事，说服他又是另一回事。不论你多么相信一个人，在说服并帮助他建立起信心之前，你的信任都只是一厢情愿。

最开始的几个星期，罗恩与威利谈论关于拥有自己的事业，以及随之而来的希望和自由时，威利只是笑着摇头，他知道失败的概率有多高，以他现在的年纪和身体状况，创业简直是个遥不可及的梦。但通过罗恩夫妇的不懈努力，威利心中渐渐燃起了一点希望。

吉姆回忆说："当佛瑞德·贝格达诺夫第一次邀请我面谈时，我放了他鸽子。老佛瑞德提出了让我无法拒绝的建议。他冒着遭遇尴尬和拒绝的风险，亲自来我家尝试说服我们。"

佛瑞德非常紧张地讲了整整两个半小时。吉姆尊敬并感激佛瑞德对他的关心，也知道了这项事业是如何运作的，但他告诉佛瑞德自己无意创业。

"事实上，我要确保财务安全。"吉姆承认，"因为只有这样，自由才能得到保障。当时我只是无法坦诚地说我有这个需求。我们是同事也是朋友，碍于面子，我无法开口。"

大约 14 年后，吉姆与马吉·弗洛尔已经在安利取得巨大成功，他们经验丰富，事业有成，也成了别人的良师益友。吉姆承认："当佛瑞德决定帮我时，他就做好了要面临两大挑战的准备。"

第一个挑战，即说服人们承认他们的现状并非他们想要的。面对这样的难题，你必须坦诚、有耐心。你应该先讲述自己的故事，解答他们的疑惑，承认自己的缺点。同时，要给他们充分的时间，不要操之过急。一旦他们真正信任你，就会很自然地承认他们的需要。

第二个挑战，即让人们敞开心扉接受新事物。英国小说家罗莎蒙德·莱曼说过："你可以为别人提供机会，但不能使人人机会均等。"千万不要操之过急，要清晰地说出你的观点，随后给他们充足的时间去思考。用自己的经历循序渐进地打动他们，直到他们也茅塞顿开。

第三步：良师提出切实可行的方案并付诸实施

"我花了整整三个月的时间来说服威利，"罗恩·哈尔回忆道，"之后又花了八九个月的时间帮威利寻找合适的顾客，跟他一起进行产品演示和讲述事业机会。"

在罗恩指导威利的同时，佛瑞德·贝格达诺夫也在全力指导吉姆·弗洛尔。虽然佛瑞德在这方面也是个新手，但他非常聪明。假如他不知道如何回答吉姆或马吉·弗洛尔提出的尖锐问题，他就向经验丰富的人去请教。佛瑞德还送给弗洛尔夫妇很多资料,邀请他们参加分享会,让他们学会如何建立成功的事业。

对于良师而言,开始的几个月要花费比平时更多的心血。帮助人们自助的工作很耗时,对耐心也是很大的考验。毕竟,像威利·巴斯一样没有自信的人,就如刚出生的婴儿,在他们自己会吃饭之前,需要别人去喂;在学会走路之前,需要人抱着。更重要的是,他们需要更多的拥抱和爱抚。而弗洛尔夫妇虽然对自己充满信心,但对这个行业一无所知,所以必须用心呵护他们。

吉姆·弗洛尔提醒我们:"在这个竞争如此激烈的世界,任何人凭借一己之力取得成功都是很难的。不仅是起步阶段,在任何遇到困难的时候,我们都需要互相帮助。要使人们意识到,我们一起工作会更有力量和效率。这就是这个事业的神奇之处。"吉姆补充说:"良师很快就会发现自己也在学习,每个人都受益匪浅。其实,助人自助永远是双向的。"

"最终,威利鼓起勇气自己进行讲解。"罗恩回忆说,"他的第一次演讲是一个'疯狂的故事'。由于肺部受损,威利说话声音很大而且很不连贯。他从未上过演讲课,不是个圆滑的推销员,没有娴熟的社交手段,他的演讲内容直截了当。他的语言非常'多彩',经常会用一些充满激情的修饰词,而大多数人永远不会把这些词用到肥皂或汽车增光剂这样的产品上。"

威利的第一次演讲很成功,不是因为他机灵,而是因为他认真,人们能够从他的话语中感受到希望。那么,威利是从哪里得到希望的呢？是从罗恩夫妇以及其他人那里得到的，他们相信他并最终使他也相信自己；他们对他的未来充满希望，并让希望在他心中渐渐萌发。

对吉姆和马吉来说，演讲是一件轻而易举的事。不久以后，他们的事业开始发展壮大。吉姆回忆说："我们一开始每月只有四五百美元的额外收入。不久，这份收入就增长了3倍。我们开始意识到：拥有自己的事业后，收益根本没有限制，那些所谓的限制，都是自己强加给自己的。"

大约就在那个时候，吉姆·弗洛尔升职了，他被派到萨克拉门托南加利福尼亚石油公司担任更高的职位。他的收入猛增，举家搬到了一个有名的高档社区，每天都是和州长以及州议会等政府要员打交道。

吉姆回忆说："我沉溺于萨克拉门托的新生活，甚至有点飘飘然。我不再过多地去想自己的安利事业，不再去扩展客户。这时，佛瑞德不厌其烦地提醒我，克利夫·明特也不断地打电话和写信给我，希望我能坚持梦想。当他打电话给我时，我对他撒谎说'我还在坚持'，其实，我已经偏离了目标。"

"后来，我参加了一次伙伴聚会。聚会上，戴夫·塞弗恩谈到那些坚持不懈完成目标的人。最后，他停顿了一下，好像是特意对我说：'在这间屋子内，还有一些人，他们有很高的天赋，却不知道珍惜。'"吉姆说，"当时戴夫·塞弗恩并不认识我，但他的话像一把铁锤击在我的心上。回到萨克拉门托后，我列了一张小镇上认识和遇到过的潜在顾客的名单，开始逐一与他们联系。"

第四步：良师益友、被指导者以及其他人共同受益

助人自助可能会遇到困难，尤其是在开始的时候，但如果能长期坚持下来，你会受益颇多。这些益处不仅属于良师益友及其指导的人，还会惠及更多的人。

既然赚钱是最重要的目标，那就让我们先看一下财务收益。

看看威利·巴斯后来怎么样了吧。在从事安利事业13个月后，他的收入翻了1倍，然后是2倍、3倍。他辞去了焊工的工作，也有钱给自己治病了，全家人的生活质量也大大提高了。他们第一次付清了账单，银行里有了存款。即使有一天威利离开人世，他的家人依然会很有安全感。

像威利·巴斯一样，当吉姆与马吉·弗洛尔开始认真建立自己的事业时，他们也取得了惊人的成果。吉姆回忆道："我们的事业突飞猛进，即使不工作，我们的收入也在持续增长。创业和分享带来了长期收益，我们投入的时间和精力每年都有回报。3年后，我辞去了加利福尼亚州天然气公司的工作。从此以后，我不用再为任何人工作，我们终于实现了财务自由的梦想。"

但是助人自助的回报，远不只是金钱。请想一想，当摆脱禁锢他的绝望循环时，威利所感受到的自我价值；当永远不必再碰焊枪时，威利心中燃起的新希望；当不必每天挣扎着走到公共汽车站时，威利体验到的新的自由；当可以和家人共度余生时，威利品尝到的真正的喜悦。

吉姆和马吉·弗洛尔也发现他们所获得的回报是远远不能用金钱来衡量的。吉姆回忆说："我们自由了，我们一家人可以真正地聚在一起。当然，新事业要求我们在前两三年付出很多努力，但即使这样，我们依然可以自由地选择是出去旅行还是待在家中。"

"最大的好处之一，"吉姆回忆道，"是我们建立了新的朋友圈。他们创业的理由跟我们差不多，也是想在财务上掌控自己的生活。我们因为相同的梦想和价值观走到了一起。"

吉姆补充说："很难用语言来描述价值观相同的人在一起所形成的互助氛围。理查和杰传授给我们一些原则——相信人的潜力，财政上井井有条，设定目标，记下目标，坚持目标，在实现目标后学会感恩；努力工作，诚实，对伙伴负责，不对别人的缺点指手画脚，帮助他人自立……"

"这些东西在学校里根本学不到，"吉姆说，"找到一群志同道合、值得珍惜一生的朋友，是创业带给我们最大的好处。"

良师也会受益。威利和吉姆开始创业后，他们的良师益友罗恩·哈尔与佛瑞德·贝格达诺夫也在财务和人际关系方面受益了。

我要说的也许你并不相信，那也没关系，我能理解，因为一开始连我自己也不相信。但哈尔夫妇、贝格达诺夫夫妇、弗洛尔夫妇，以及其他取得巨大成功的人，把帮助他人的快乐置于赚钱之上。无论你相信与否，他们发现，看到别人梦想成真，远比在这过程中赚到钱更让他们满足和自豪。

面对他人的不理解，我真想大声呐喊，为这些拥有成功事业的人辩护，但我不会这样做。因为发生在威利·巴斯和吉姆·弗洛尔身上的一切，足以使所有猜疑不攻自破。

罗恩说："13年后，威利去世，我站在他的墓碑前，回忆起有多少次他握着我的手，注视着我，想表达他的爱和感激；有多少次他对我说'谢谢你，罗恩'；更多的时候，他只是站在那儿，抓住我的手，含着泪水对我微笑。"

助人自助，惠及世界。以威利的家庭为例，他们的生活改变了，并且影响了他们所接触的每个人。

哈尔夫妇最喜欢的一句话是："当你帮助别人，你会成为英雄，但当你帮助他人自助时，他们将成为英雄。"如果哈尔夫妇只是给威利钱，或者帮助他得到某个援助机构的资助就满足了，那又会出现怎样的情形？他们当然会因为这样的善行受到赞扬，但这样能为威利带来什么？最终他还是那个绝望、疲惫的老人。

授人以鱼不如授人以渔。哈尔夫妇给予威利的是一份无价的礼物，他们给予他自助的能力。这份礼物也带来了更宝贵的礼物：认可、回报、自由和希望。

为了自立，我们需要团结

自古以来，自力更生都是我们价值观的一部分，但是如何才能达到令人羡慕的境地，却很少有人提及。因为勇气、诚信或希望并不是与生俱来的。同样，坚强和独立也不是一时冲动的结果，而是生活中的经历给予了我们力量，让我们获得自力更生的秘诀。这件事究竟是怎样发生的？

答案很简单，那就是通过我们互相的给予。多年来，我的朋友佛瑞德把这份礼物送给了他的成千上万名员工。佛瑞德的父亲亨德里克·梅杰是我们镇上的传奇人物。1907年，亨德里克从家乡荷兰来到密歇根州霍兰市，当时他23岁，是一名工人。这名年轻的叛逆者在美国经济大萧条时期开了一家杂货店，并迅速将这家商店发展成为一家拥有大型连锁百货超市的企业，然后交给儿子管理。

佛瑞德掌握了很多营销和管理技巧，但有一个故事特别体现了他在教导人们自力更生上的天赋。20世纪50年代中期到60年代中期，位于大急流市的梅杰总部需要招一名接待员。共有三名女性应聘，其中一名是黑人。到了最终决断的时候，佛瑞德简洁地说道："那就雇用佩蒂·伯恩女士吧。"年轻助理半信半疑地反问道："可她是个黑人，她是客人进门时看到的第一个人。"佛瑞德回答："我知道，就这么定了。"助理继续问道："您能告诉我为什么吗？""因为其他两位白人在别的地方能找到工作，而佩蒂·伯恩却不能。"

你可以回想一下自己的生活，试着记住那些勇敢而有想法的人，感谢他们伸出手来给你一个证明自己的机会。每个令人印象深刻的伟大事迹，都是由平凡的小事演变而来的。

海伦·凯勒从小双目失明、双耳失聪。与世隔绝的生活让她变得恐惧和愤怒。但如今，她的名字受到了全美国学生的崇敬。海伦·凯勒并不是独自与黑暗和寂静作斗争的。她的父母向亚历山大·格雷厄姆·贝尔求助，在他的帮助下，海伦有了安妮·沙利文老师。1904 年，海伦·凯勒以优异的成绩从拉德克利夫学院毕业。

今天，她充满智慧的话被全世界的人引用。这一切要归功于她的良师安妮·沙利文，以及波士顿霍勒斯·曼聋哑学校和纽约城怀特·霍玛森语言学校的其他老师无微不至的关怀。她并非生来就是自力更生的人，没有良师益友，海伦·凯勒很可能会在黑暗和无声的世界中沉沦下去。

我们能培养出自力更生的品质都要感谢生命中的某个人，千万不要认为我们都是靠自己的力量才走到了今天，这是危险而自大的信号，它会让我们错误地认为自己不需要别人的帮助。约翰·多恩曾经写过一句名言："人不可能是自给自足的孤岛，每一个人都是大地的一部分，是整体中的一员。"

自助者天助。世界之所以改变，是由于一代人帮助下一代人学会自立。父母教导子女自立，孩子把同样的真理传递给他们的子孙。通过几个世纪的传承，形成帮助他人自助的风气。

当我听到有人说"为什么不直接让他和别人一起做"，我总是感到很惊讶。我想问：为什么你不告诉他如何做？人们并非生来就知道如何自立和自助。安利事业根植于这样一个信仰：如果我们能告诉人们如何自助，他们就一定会做到。我在世界各地的演讲都基于两个主题，即"你做得到"和"就这样做"。不少社会机构都在帮助他人，但总是不自觉地会使人们习惯于依赖他人。

我认为大多数试图帮助他人但又无法使他们自立的方法都注定会失败。

独自行善不是仁爱。我崇尚慈善，仁爱更是本书的主题。我知道世界上有些人无力自助，这些人应当得到我们实际的、奉献性的爱和关注。我们必须牢记，单纯的施舍可能会打击或者伤害人的自尊，真正的仁爱是帮助人们实现自助。施舍只是暂时的解决方法，却无法改变贫穷等重要的问题。一些人认为社会福利是免费的，但事实上它非常昂贵，它让那些依赖它的人更具有依赖性。

仁爱往往始于施舍，能满足紧急需求，但真正的仁爱远不只是慈善。在短期内为人们提供帮助是不够的，真正的仁爱是为自助者提供长期帮助。

如果有一天早上你走出门，发现草坪上有名报童在流血，你会怎么办？如果你冲上去帮助了他，那便是施舍。你会不假思索地尽你所能去救那个男孩的命。

然而，当威胁生命的紧急事件解决了，就需要另一种长期的仁爱了，那就是助人自助。报童是怎么受伤的？是谁造成的？如果是逃逸司机的过失，那么就应该想办法找到证人、肇事车辆，并且将肇事者绳之以法。

但是，如果是报童自己粗心大意，比如过马路时没有仔细看，或者是他的小自行车超载，等等，我们就要帮助报童找到引起事故的原因，告诉他应该改变什么才能防止类似的事情再次发生。

在真正仁爱的体系中，所有的努力都旨在帮助他人独立。真正的仁爱是给人们工作的机会和应有的回报,让人们感受到自我价值。我们必须鼓励人们工作,这才是一种积极的仁爱。消极的仁爱或无任何要求的同情,没有任何意义。

如果人们认为他们有机会成功,他们就愿意付出努力。反过来,如果拒绝工作不会受到任何惩罚,对于工作,有些人就连试都不会试了。总之,人们必须工作并且学会自助。

当我们助人自助时,应对他们所做的工作进行奖励,教会他们如何自食其力。施乐公司的员工丹·明臣就是助人自助的典型。《洛杉矶时报》曾专门刊登了一篇关于他的报道。丹曾是纽约电台的一名记者,1971年,他被指派报道阿提卡监狱暴乱事件。他在执行那次任务期间所看到的画面令他久久不能忘怀——监狱里面的犯人被内心深处的绝望禁锢,就算有一天走出牢笼,他们心中绝望的高墙依然无法消除。

刑满释放的人员应该怎么融入社会?他们能做什么样的工作?谁愿意来帮扶他们?丹·明臣愿意这样做,他是由施乐公司支持的社区计划项目的参与者之一。施乐与其他几家公司效仿IBM,允许员工请假离岗全职为社区工作,这是个多么好的想法!

助人自助是安利的价值观之一。只有你身边的营销伙伴成功了,你才算真正的成功。所有成功的营销伙伴都明白这个道理,对雷克斯·伦弗罗来说,情况更是如此。

"你必须为他人付出时间,"雷克斯说,"我有很多次在不情愿的情况下,还帮助别人去做讲解。我知道早晨还有其他工作要做,但仍会开一两个小时的车去帮助别人。帮助别人十分重要。当你对一个人感兴趣，看着他的眼睛认真地说'我会帮助你'的时候，那种力量是相当强大的。"

当你作为良师益友教导别人如何成功的时候，真正的仁爱之举才算开始。正如古话所说："伸出援手，而非施舍。"大多数流浪街头、饥寒交迫的人都想找到出路来养活自己，而非靠短期的慈善救济度日。

施乐公司和 IBM 通过鼓励他们的员工付出和提供专业知识来帮助社区。为非营利组织捐款必不可少，但向求助者传授专业技能才是解决问题的根本方法。自 1971 年以来，施乐公司为合适的组织机构培养了 400 名专业技师。历时 21 年的努力，IBM 为社区提供了 1000 多名有经验的员工。

我们的成功在于助人自助，当我们伸出援手帮助他人成长时，我们自己也在成长。若其他人没有成长，我们至少知道自己努力了。有时，你需要多花点时间在进步比较慢的人身上。看到有潜力的人拒绝前进是很难过的，看到有潜力的人尽了最大努力却没有成功会更令人伤心。

几年前，安利赞助了墨西哥国家交响乐团的音乐会，这是一个非常出色的乐团。在音乐会结束后的招待会上，一位才华横溢的指挥家问我为什么要支持这种慈善文化活动，"因为我们应该回馈社区。"我回答道。"但你们还没有在墨西哥赚钱，你们才刚刚开始而已。"他惊呼。我继续说："我们在墨西哥不赚钱，等成千上万的墨西哥人从他们自己的生意中赚到钱的时候，我们才能看到收益。在那之前，慷慨行事是件好事。"

"大多数墨西哥公司都需要了解这一点，"指挥家说，"但是谁来教他们呢？""你会的！"我说。"我？"他回答，看上去很惊讶，也有点害怕。"对，你！"我说。一阵沉默后，他说："你会帮我吗？"

1991年年底，我回到墨西哥，我和我的新朋友一起与商业界及银行界的领导人会面。我并没有做太多事情。当那位墨西哥指挥家充满激情地进行演讲时，我心里暗自高兴。那些富商深深地被他的演讲所感染，纷纷慷慨解囊。

孤独的人永远不会成功。我还没有见过单打独斗就取得成功的人。某一代人缺乏仁爱，就会对后一代产生负面影响。帮助自助者打破家长式作风，同时降低他们的依赖性，就可以结束长期困扰社会的贫困问题。

成功无法带给威利一对新的肺，却为他带来13年的内心平静和安全感。哈尔夫妇帮助威利自助，威利反过来也给了其他人希望。

吉姆·弗洛尔曾讲过一个感人的故事：两年半之前，一对安利伙伴开车去参加在洛杉矶举行的一场聚会。在路上，父亲感到很累，就让自己16岁的女儿开车，自己打个盹儿。小女孩试图急转弯，不料与一辆卡车相撞。她的父母在事故中双双丧生，16岁的她与8岁的弟弟侥幸生还，但这次事故给他们留下了不可磨灭的心理创伤。

吉姆告诉我们："因为这两个孩子一直生活在助人自助的环境

里，所以他们很快找到了新家。他们被一对没有孩子的安利伙伴收养。"

故事并没有就此结束。那位帮助姐弟俩度过悲痛期的心理咨询师，被安利大家庭互相帮助的气氛所感染，选择了加入安利事业。

成为别人的良师益友，帮助那些自助者，你就能收到一份长期的、超乎想象的礼物。世界上有太多的需求，但一个人一次只能应对其中一个。在犹太法典中有一句这样的话："不向慈善敞开大门的家庭，将会把医生迎进家门。"作为良师益友，你在助力于治愈这个世界的同时，也在治愈自己。

13
为什么要帮助无助者

> **信条 13**
>
> 要帮助那些无法自助的人。贡献时间、金钱给需要的人,这样我们既能提升自己的尊严和价值,又能为世界带来希望与和谐。

午夜时分,长长的医院走廊里挤满了焦虑的父母。父亲们端着放了许久的冰凉的咖啡,无助地在阴暗拥挤的候诊室里走来走去。惊恐的母亲们把哭泣的婴儿抱在怀里,护士匆忙地穿梭于各个房间,给病人打针并尽力说些安慰的话。医生们刚刚走下手术台,还没来得及脱下绿色的外科手术帽和长袍,就被焦虑的患者亲友团团围住,他们努力向人们解释着罕见病的名称。

"脊柱裂?"吉米·道南幽幽地问。他那双大眼睛仿佛在听别人的故事。他刚出生的孩子即使不会早夭,也会一辈子遭受病痛的折磨。吉米回忆说:"听完医生的话,我和南茜越来越害怕。我们没有生育保险，积蓄也只够南茜住三天院。要想继续住下去，就要先交一大笔保证金。"

埃力克·道南在他出生后的24小时内做了8个小时的外科手术。这个孩子一落地就被查出患了脑积水，接着被紧急推进了手术室。医生给他的脑部安装了一个分流装置，分流手术一次又一次失败了。最后，埃力克被转到了洛杉矶的儿童医院。在生命最初的9个月里，他接受了9次脑部手术。"我们的儿子在周岁以前几乎都待在医院，没回过家，"南茜回忆说，"所以我们只能住在他的病房里，陪在他身边。"

在这个小生命诞生后的最初几年，道南一家的医疗费超过了10万美元。虽然吉米和南茜现在已经是成功的企业家，但在孩子出生时，他们的小生意才刚刚起步，他们不得不靠抵押贷款度日，以应付日渐沉重的经济负担。

"我们很快就负债累累，"吉米回忆说，"我们没心思去关心什么貂皮大衣或劳斯莱斯，豪宅和度假也与我们无关。我们的一切希望就是能有足够的钱来挽救儿子的命，给予他需要的一切，不用担心源源不断的开支，还能在他痛苦的时候陪在他身边。"

今天的世界需要仁爱。仁爱即使不是解决问题的唯一方法，也是能为世界带来希望和治愈的最佳方法。很多严峻的问题的确存在，但还有机会去解决，所以绝不能变得悲观或愤世嫉俗。

俗话说，"博爱从家庭开始"，这句老话值得我们思考。如果我们连自己都照顾不好，又怎么能照料别人呢？世界上总会有身陷绝望、生命受到威胁的人，我们应该拿出金钱、时间和精力倾力帮助他们。

我和海伦刚结婚的时候，她坚持要把我们总收入的 1/10 捐给慈善事业。对于海伦来说，这个决定绝对不是一时冲动，因为这笔钱一旦被装进信封，我们就不能反悔。那时，我们每周赚 100 美元，拿出 10 美元并非易事。现在我们赚得多了，那个小小的信封如今变成了基金，但海伦仍会检查账簿，看看我们捐赠的钱是否被转到了指定的账户。

和很多公司一样，安利也热衷于慈善事业。在马来西亚，因为对流浪儿童作出的贡献，我曾受邀参加过一场皇室公主举办的宴会。像在世界各地提供义工援助的国际公司一样，我们在马来西亚赞助了日托中心和疗养院，并在我们业务比较普及的国家和地区赞助了数百个类似的项目，这是我们力所能及的事。

事实上，对个人和公司来说，将收入的一部分拿出来给那些需要帮助的人，并不是稀罕事。在亚洲、北美洲、欧洲，都有很多慷慨大方的个人和公司，每年都会为各种慈善和文化事业捐赠数十亿美元。

我所知道的很多关于慈善的故事，都来自大急流市的亲友。这些人可能没有前述事例中的主人公那么声名卓著，但他们服务乡里的事迹，却一直被人津津乐道。

格雷琴·布马是西密歇根拾荒者组织的志愿者领袖，她从餐馆和商店收集食物，分发给贫穷和饥饿的人。

比利·亚历山大是复兴计划的创始人之一,她把自己的一生都奉献给了那些与酒精或毒品作斗争的人。

贝齐·齐勒斯特拉现在是大急流市中心的全职志愿者,也是大急流市仁人家园组织的长期志愿者,该组织致力于为城市中无家可归的人提供住处。

爱妻海伦是我一生中遇到的第一位真正的仁爱企业家。我希望能够铭记这些生命中的贵人,是他们教导我成为一名富有仁爱之心的企业家。

我的伙伴杰·温安洛及其夫人贝蒂也是慈善企业家的代表。他们不只为自己喜爱的事业提供经济支持,还抽出大量时间,为国家和地方建设献计献策。这些组织包括4-H基金会、杰拉尔德·福特总统图书馆、美国商会等。杰还因主持大急流市的新公共博物馆基金募集活动而备受赞誉。当然,这只是他为改善并复兴我们的城市所付出的无数时间、金钱以及创造力的例子之一。

汤姆·米克梅舒伊一直保持着我们公司的两项纪录,一是他长达数十年的诚爱服务,二是他是所有员工中名字最长的一位。他一直都记得,在安利创业初期,杰的那些慷慨仁爱的行为。

"在我们创业的头两年,"汤姆笑着回忆道,"有一次,我开着一辆坐满了营销伙伴和公司管理层的二手巴士。突然,引擎发出了可怕的声音,车子在乡村小道上抛锚。杰第一个走下车,掀开引擎盖检查了一会儿,叹了口气,要了工具箱,开始拆卸和修理转轴,其他人则在一旁满怀敬意地看着。

"在一片混乱中,杰仍注意到我的西装外套沾上了润滑油。'很抱歉把你的外套弄脏了,'杰说,'请明天拿去干洗,把账单寄给我。'两个星期后,出乎意料地,杰寄给了我一张手写的便条,'弄脏你的西装我很抱歉,请去富人街的乔治·布里斯男装店挑一件新的。'当我局促不安地来到城里最好的男装店时,店员已经在等我了。依照杰的指示,他们为我配备了全套的行头:西装、衬衫、领带、皮带、皮鞋,甚至还有一件像是公司总裁才会穿的大衣。"

我们都对杰的体贴念念不忘。一天,为了逗某个营销伙伴的两个身患绝症的儿子开心,杰就带着他们乘坐公司的飞机在密歇根湖上空盘旋。杰还决定带这两个孩子和他们的家人飞到奥兰多的迪士尼乐园,让他们在离开这个世界之前游览那个梦幻王国,杰负担全部费用。不久之后,两个男孩相继去世。在收到孩子们去世前的感谢后,他热泪盈眶地告诉了我这件事。

大急流市的很多朋友在工作中都表现出了真正的仁爱。保罗·柯林斯还是个苦苦奋斗的年轻艺术家时,就已经有了一颗仁爱之心。到如今,他还坚持通过拍卖作品、制作海报和广告,甚至举办义展来唤起公众的仁爱意识。

我的挚友埃德·普林斯是普林斯公司的创办人和董事会主席,他是我所认识的最富有仁爱情怀的企业家之一。他12岁的时候,父亲便去世了。之后他努力奋斗,完成了密歇根大学的学业,并发誓如果以后挣了钱,一定要造福后人。

除了家庭收入外,埃德和妻子埃尔莎还会从公司利润中捐出

10%用于慈善。除了多年来对数百个重要的慈善事业机构给予金钱和时间上的支持之外，他们还建立了常青联谊会，招募了超过1000名的志愿者，现在它已经是美国最有效率的老年人服务中心之一。

一个星期天的下午，埃德和埃尔莎载着一位陌生的老年人，一起驾船穿过了位于密歇根州霍兰市的湖区。上岸时，那位老妇人感激地说："谢谢你们，我一生从来没有游览过湖区。"

埃德和埃尔莎惊奇地发现，有许多长年居住在霍兰城里的居民都没到这个湖上游览过，于是他们买了一艘浮船，供社区的老年人免费乘坐。他们的女儿艾米莉和艾琳开着家里的敞篷车接送老人，还会给他们提供柠檬水和甜点。

在埃德和他的家人载了500多名老人游湖之后，他们渐渐了解了霍兰市老人们的需求。最后，埃德和埃尔莎与老年市民组织者玛吉·霍克马一起，讨论他们能为老人们做些什么。在两位安利伙伴及1000多名志愿者的支持下，常青联谊会现在每个月都为3500多名老年人提供服务。

我的另一位好朋友皮特·库克，是马自达五大湖公司的创始人兼董事会主席，他堪称大急流市慈善家的典范。皮特出身中下阶层家庭，他以半工半读的方式完成了达文波特大学的学业。后来，他向母校捐资建造了一座宏大而漂亮的办公楼，办公楼被命名为皮特·库克企业家中心，而这只是皮特赠给社区和世界的众多礼物之一，他和妻子帕特为社会贡献了数百万美元和数千小时的志愿服务时间，让无数人受益。

马文·德威特是密歇根州泽兰市的一位慈善企业家。爱荷华州奥兰治西北学院有两幢以他的名字命名的大楼,这只是由马文和妻子杰里恩赞助的众多教育项目之一。马文和他的兄弟比尔是火鸡养殖户,他们在1938年成立了比尔·马文公司,当时只有17只火鸡。"是14只母鸡和3只公鸡,"马文咧嘴笑着回忆道,"为了生意,我们还得从一周才存4块钱的姐姐那里借30美元。"

德威特一家历经了冬天的暴风雪、夏天的滚滚热浪,以及鸡瘟、经济萧条和一场毁灭性的火灾,那场火灾摧毁了他们90%的生产设施,1000多名员工被迫失业。回顾这些年,马文说:"命运很眷顾我们。"当问到是什么使他成功时,他补充说:"我们努力工作,并且绝不透支。"

后来,马文和他的兄弟把比尔·马文公司以及他们的全部火鸡业务,以1.6亿美元的价格卖给了萨拉·李公司。德威特兄弟从销售所得中留出500万美元,根据员工的工资和服务年限分发给他们,这在美国企业界几乎闻所未闻。在与萨拉·李公司的交易完成后的几个月里,马文和杰里恩向他们支持的个人和机构捐赠了数百万美元。

我的另一位朋友约翰·布马是大急流市成功的建筑承包商和开发商。他的才华和管理天分,让他在商业上大获成功。但他创业的动机不止于此,约翰说:"我创业是为了帮助别人。"

吉米和妻子南茜创业也是为了帮助别人。他们的儿子埃力克后来还遭遇了一次严重的中风,右手一度丧失功能,接着腿也瘫痪了。在康复过程中,埃力克大脑中的分流装置再度阻塞,他被紧急送往医院接受大手术。17岁时，埃力克只有55磅重，却已经经历了30次危及生命的脑部手术。在过去的18年里，他们一家的医疗开支包括了许多昂贵的项目，比如3000美元的拐杖、7000美元的轮椅、每周500美元的物理治疗、一根与脊骨相融合的支撑杆（从脖子一直插到腰部）以及几十万美元的手术和住院开销。

吉米解释说："就算有健康保险，也只能解决几万元的问题。如果没有安利事业，我们根本付不起医疗费。"他伤心地补充道："事实上，据我所知，如果孩子天生残障，超过70%的父亲都会选择放弃，因为他们无法承受毫无尽头的痛苦、内疚和巨额的经济压力。"吉米随即充满感激地说："但因为有安利事业，我们不仅能继续承担埃力克的医疗开支，还能帮助比我们更不幸的人。"

在过去的几年里，吉米·道南一家和他们的朋友及同事，一起资助了奥利夫·克莱斯特治疗中心，这是一个为法院判定的受虐待儿童服务的机构。南茜解释说："这里的孩子小到刚出生的婴儿，大到十几岁的少年。中心的创办人唐和洛伊斯·维劳尔在附近买下了25所安全、舒适的住宅，州政府负责每个孩子的安置费，其余费用由志愿者自行筹募。"

那些在企业、公共部门、体育或艺术领域有着全职工作的人，可能看起来并不像全职的社会企业家那样英勇或忠诚，但他们也无条件地奉献了自己的时间、金钱、想法和精力。对我来说，他们也都是真正的慈善家。

如果你已经是一位慈善家，正在用自己的时间和金钱去帮助那些无法自助的人，那么我向你致敬；如果你现在还不是，何不加入我们？我知道，帮助受虐儿童、艾滋病人、精神或身体上的残障人士（除了那些有自助能力者）的代价很高昂，并且很耗时。但从长远来看，它会成为最值得你花费时间和金钱去经营的事业。

要成为一位仁爱者，至少需要以下6个步骤。如何开始或从哪一步开始并不重要，但在我们能够作出切实的改变之前，这6个步骤都是必需的：

1. 不找借口；
2. 相信自己；
3. 了解人们的实际需求；
4. 找到自己的关注点；
5. 制订计划；
6. 全力以赴，达成目标。

不找借口

不幸的是，有太多人都期望别人来解决问题，这样自己就可以坐在一旁指指点点了。但事实上，求助者已经没有时间等待，更没有避风港来逃避我们无所作为的后果。我们不能再用以下类似的借口来推卸责任，不去帮助那些无法自助的人。

有什么问题？我看不出有什么问题。 有些人喜欢自欺欺人，以为只要长时间忽略问题的存在，问题就会自然消失。

那是他们的错，与我们无关。 指责他人是多么的容易！"穷人都不想工作。"我曾听到有人这样说。"富人都不想纳税。"马上就会有人为自己辩解。无论是贫是富，责备他人都无助于改善现状。"我们必须强迫那些穷人去工作。"有些人说，"我们必须限制富人赚钱。"而后事情就会变成这样：人们互相推诿和狡辩，而问题始终没有得到解决，需要仍然得不到满足。

设想一下，如果奥兰多魔术队的队员抱怨是芝加哥公牛队的迈克尔·乔丹过人的速度和技术使他们输了比赛，那会发生什么。他们可能会说："他跳得太高了。"或者说："他跑得太快了。这不公平，应该让他穿上加重的鞋，跑步时速超过 15 英里时向他吹哨示警，跳起高度超过地面 5 英尺就罚他。"

那太疯狂了。当迈克尔·乔丹在空中飞跃时，我们整个团队（以及数百万观看比赛的球迷）的梦想也在飞翔。不应该限制迈克尔·乔丹，要让他的成就激励我们，这样，我们的成就就会达到更高的水准。

我们只做能维持自己生意的工作就够了。 吉姆·詹兹是安利在加拿大最成功的营销伙伴之一，他警告说："当我们忙着做生意的时候，常常会因为专注，而忘记了周围其他需要帮助的人。但只服务于那些能让你增长业务的人是不够的。"

以后再做。 大多数人都想帮助那些无法自助的人，但很容易拖延。我们愿意慷慨地奉献自己的时间和金钱，但我们总想等到自己变得更强大、更富有或更自由的时候再做。我们等啊等，直到突然来不及了。吉姆·詹兹警告说："如果在事业规模尚小时就没有同情心，那也就不要指望将来能有什么仁爱之心。"

我们总有数不清的借口为自己辩解："我很想帮忙，但眼下实在太忙了……""我还差一点才能付清自己的账单……""我就是不知道从何入手……"

当吉米和南茜听说了在奥利夫·克莱斯特治疗中心有 160 名受虐儿童时，他们本可以找到无数个冷眼旁观的借口：儿子埃力克需要照料，这还不够吗？我们的医疗费账单高达数十万美元，怎么还有钱帮助他人？在埃力克面临生命危险的那段时间，吉米·道南连续三个月陪儿子睡在医院里，哪有多余的时间去照料受虐儿童？

吉米和南茜有理由不为那些孩子付出时间和金钱，但他们没有让这些理由成为借口，而是伸出了援助之手，因此改变了那些孩子和他们自己。这将带领我们迈向第二步。

相信自己

成为仁爱者始于你下决心改变现状，我们不必独自解决世界上的问题，但必须充分相信自己能有所作为。

吉米回忆说："在尝试以前，我们没有想到自己还能挤出一部分金钱和时间，也没想到自己可以做那么多事情，但看着孩子们，我们觉得应该做些什么。后来，我们发现，我们已经为此筹集了一大笔钱，这为所有人带来了莫大的成就感。"

你是否相信自己？你确信自己能够有所作为吗？你是否愿意试一试？如果你愿意，我们将进入第三步。

了解人们的实际需求

如果总是对世界忧心忡忡，我们就会因陷入困境而变得麻木，导致一个问题都解决不了。如果竭尽全力地满足每一个需求，我们就会耗尽资源，精疲力竭。瞄准太多目标的人最终可能一无所获。

斯坦·埃文斯的父亲一直在为他们的社区服务。"他努力工作来维持生计，支付一家人的账单，"斯坦回忆道，"退休后，他成了一名志愿者。他在保护土壤地区委员会、学校董事会以及防火区委员会担任委员。他逐一处理镇上的问题，每次都能圆满地解决。父亲教导我如果牵涉到太多事务当中，你的精力就会分散，会伤害家人，最终自己也会精疲力竭。"

你对哪些问题特别感兴趣？哪些需求能激发你的热情？你是否了解那些问题？你研究过那些需求吗？

在解决问题之前，我们必须先了解问题。我们面临的问题很复杂，也很容易判断失误。我们有责任为自己了解实际情况，否则，就容易面临弊多于利的风险，仁爱者应当是见多识广的。

我们的朋友中岛薰曾看见一只导盲犬引领主人穿过日本的一

个机场。中岛薰先生解释:"这是我第一次见到导盲犬,看着那只狗工作,我非常感动。所以,旅行结束后,我找到了日本的导盲犬协会,参观了他们的办公室,看到了那些正在参加训练的狗。通过沟通,我知道了他们日常主要靠捐赠维持运营。于是,我给他们捐了 100 万日元。前几天,我看到一个年轻的盲人女士跟在她的导盲犬后面,在大阪的街道上快步、无惧地行走,一种美好的感觉涌上心头,我知道自己用某种微不足道的方式帮助了那个无法自助的人。"

某些与人类和地球有关的紧迫问题,正亟待关注。我们需要一个健康的生存环境,同样也需要一个公正的社会环境。我们的目标不只是拥有一个健康的地球,居住在地球上的人也要拥有健康。让我们来看看关于人类健康的一些故事吧。

找到自己的关注点

生活中有很多方面都会引起我们的注意。比如,我们可能会被某个路人的行为感动,情不自禁地生出要帮助他的念头。接下来,我们会特别关注那个人,为他投入时间和金钱,获得帮助他人的满足感。

当我们遇到需要帮助的人,真诚地与他们交谈,我们的内心会被触动,关注的焦点更加清晰,目标也会更加明确。如果我们将问题视为己任,我们就能有所作为;如果我们事不关己,就需要别人来收拾残局了。你看到两者的区别了吗？我们每个人，都有可贡献的东西。想要改变现状，就必须了解事实真相。

有时，事情会不期而至。你是否还记得我的朋友丹·威廉姆斯，那位克服了口吃的人？他成了我们在加利福尼亚州最成功的营销伙伴之一。在参观福特总统在科罗拉多州韦尔市的家时，他遇到了一家人，他们的小女儿玛吉也有严重的口吃问题。

"她是个漂亮的小女孩，"丹回忆说，"但是因为口吃，她经常感到非常尴尬。那天午饭时，我告诉玛吉我是如何努力克服口吃的，她听得很入迷，不久我们就成了朋友。在过去的几年里，我和玛吉的父母一直在努力帮助她克服口吃问题，我给她的父母提出了很多建议，对我来说，这才是真正的事业。"

有的时候，紧急求助会突然出现，甚至没有时间让我们进行过多的思考，就要求我们立刻作出是否帮助他人的决断。马克斯和妻子玛丽安·施瓦茨从邻居的口中得知，在他们位于德国的家乡有个小女孩需要立即进行骨髓移植，如果不进行手术，女孩就会失去生命。

手术费非常昂贵，她的朋友和邻居们一直在筹钱，但还是差了约 2.7 万美元。马克斯和玛丽安必须作出决定，是否出资帮助那个小女孩。那个时候，他们已经资助了家乡附近的一所孤儿院和一所儿童癌症医院。"我们立刻写了支票，"玛丽安回忆道，"那年我们的生意很好，我们很乐意把利润的一部分拿出来救孩子。"

当安德鲁飓风在佛罗里达州和路易斯安那州肆虐时，安利公司立即向灾区捐赠了价值150万美元的食品和清洁用品。美国各地的营销伙伴自费赶赴灾区，他们带去了钱、工具以及其他救济品，并帮助分发救援物资。

比尔·查尔德斯代表所有营销人员说："我们只是救援队伍中的一小部分，很多人已经伸出了援手。能与红十字会、救世军、国际援助组织、数十家大大小小的公司以及来自美国各地的志愿者并肩作战，每个安利人都感到很骄傲。接着他补充说："我们用行动证明了自己的话，'如果需要帮助，只要打个电话，我们就会出现'。"

有时，相同的经历会激励我们伸出援手。彼得和伊娃·穆勒－梅雷卡兹有一个精神上有残疾的孩子，家庭不幸所带来的深切感受，让他们决定帮助村里的残障人士。

"我们会帮助那些有缺陷的人，"彼得笑着说，"因为他们需要我们，仅此而已。那些患者都曾经是聪明、有工作能力、有学位、有事业的人。因为某种创伤，出现了精神或情绪问题，生活无法自理，需要我们挺身而出。"

彼得和伊娃通过让洛克公司雇用这些残障人士，帮助他们从事一些力所能及的工作。伊娃自豪地说："他们可以把信件折叠起来塞进信封，也可以做小饼干，还可以整理日历。我们一直在寻找能让他们养活自己的工作，让他们实现自我价值，获得别人的尊重。"

吉米和南茜选择帮助受虐儿童的原因也很简单，南茜解释说："我们喜欢孩子，不愿看到他们受苦。"她笑着补充道："此外，我们有两个儿子——埃力克和戴维,以及一个女儿希瑟,何不再多160个呢?"

在做了心脏搭桥手术后,我开始思考,这次生死体验到底教会了我什么。

首先,当我们日夜遭受病痛的折磨时,医院是多么重要。但医院和医生也需要我们的帮助,他们需要新的器材来挽救更多人的生命。为了表示我们对巴特沃斯医院及其熟练、敬业的医护人员的感谢,我和海伦为医院捐建了一栋综合楼。为了纪念我的妻子对整个社区的贡献,医院管理委员会将它命名为海伦·狄维士妇女儿童医疗中心。

其次,我又发现,贡献时间、精力和捐赠金钱一样重要。我们所有人,无论是雇主还是雇员,都过着忙碌、充满压力的生活。我们大多数人起床后就开始奔波,直到晚上精疲力竭时才钻进被窝。然而,作为志愿者,我们向慈善机构提供义务劳动和捐赠钱财都非常重要。我担任了巴特沃斯医院健康公司董事会的主席,不仅是为了实践自己所宣扬的理念,也是为了表达对医院和员工的感激。

最后,在与心脏病的较量中,我发现包括我自己在内的太多人对预防医学并不了解。我们不知道如何照顾自己的身体,等到身体出了问题,已经太晚了。因此,我邀请史蒂夫和帕特里夏·沃尔特斯·齐夫布拉特夫妇加入了我们在大急流市的一个朋友的公司。

我遇见史蒂夫时,他是加利福尼亚州圣莫尼卡的普里特金健康机构的主任,帕特里夏当时是那里的项目主任。这对夫妻共同挽救了我的生命。尽管我看起来很健康，但他们仍然坚持让我在参观普里特金健康机构时进行一次全面体检。在一项心脏检查中，他们注意到我的心律不齐。不久之后，我在巴特沃斯医院接受了心脏搭桥手术。

史蒂夫和帕特里夏总爱提醒人们记住那句古谚——"生命掌握在自己手中"。他们慎重地考虑了我的邀请，然后搬到大急流市，将他们的"健康生活研究院"总部设在了安利格兰华都大酒店。他们还具有一项异于常人的才能，那就是具备改变（并挽救）生命的思想和能力。他们代表安利公司和"健康生活研究院"在美国以及世界各地进行了一次巡讲，向安利的朋友们讲授正确锻炼、缓解压力和控制体重的方法，以及养生领域的变革和健康的饮食习惯。他们在安利格兰华都大酒店开展的"七日家居计划"让人们受益匪浅。

正如阿尔伯特·史怀哲所说："人生的目的在于服务他人，在于悲天悯人，在于助人为乐。"你的关注点是什么？它会把你带往何处？确定一个目标，它能为你开启一段振奋人心、回报丰厚的生命历程。

制订计划

一旦确定目标，我们必须制订一个详细的计划来指导行动。我们需要写下具体的目标和时间以及实现步骤。要制定进度表，学会向他人寻求帮助，在必要的时候改变方向，以及完成任务后一起来庆祝。

有时，我们要从零开始。德士特和博蒂·耶格夫妇决定举办一个夏令营，帮助孩子们认识和参与到慈善事业当中。他们之前从未举办过类似的活动，在家人的帮助下，他们制订了一个计划。"我们知道我们会犯错误，"德士特承认，"但我们在尝试，而且每天都会向目标靠近一点。"

有时，我们要参与到别人的计划中。阿尔和弗兰·汉密尔顿对联合黑人学院基金会产生了兴趣。"他们的座右铭——'浪费头脑是一件可怕的事情'深深地触动了我们，"阿尔回忆道，"所以我们决定帮助他们，杜绝这种浪费。在过去的七八年里，我们同卢·罗尔斯合作，完成了为联合黑人学院基金会制作的系列电视节目。我们每年都会举办一场大型的慈善晚宴，邀请邻居和朋友参加，向他们募捐。在过去几年里，我们已经募集了将近5万美元。每当我看到一个又一个年轻的黑人从顶尖的学院和大学毕业时，我都会为自己的微薄贡献感到欣慰。"

经历了前妻去世和儿子残障的痛苦后，布莱恩·哈罗什安决定帮助和他有类似经历的人。五年来，布莱恩和现任妻子戴德丽一直担任囊性纤维化基金会捐款募集人，并为有听力障碍的人提供帮助。

布莱恩回忆道："人们经常对我说，'好事一定会来临的'。事实上，有好几次我都想冲他们尖叫——我妻子死了！儿子也在遭罪！还能有什么好事？就算世界上的好事加在一起，也抚慰不了我的痛苦。我现在仍然认为那种同情对我没什么意义,但回顾过去,我发现他们说的是对的。当我们受苦的时候,发生在我们身上的一件好事,就是我们越来越能感受到他人的痛苦。"

1984 年以来,安利公司和营销伙伴们为复活节印章组织筹集了 960 万美元。这笔善款是由营销伙伴通过慈善晚会、拍卖、街头义卖、福利彩券、保龄球比赛以及个人捐赠的形式募得的。安利公司作为活动的组织者,也投入了大量的时间和金钱。通过我们的共同努力,安利公司成了美国复活节印章组织系列电视节目"百万美元俱乐部"的五大赞助商之一。

"我们需要为孩子们找到更多的住处,"吉米回忆道,"所以我们组织了一场慈善保龄球赛,比赛中每击倒一个球时,我们都会鼓励赞助商捐钱。"

南茜说:"我们希望每个孩子都能在圣诞树下收到一份特别的礼物,所以我们让孩子们填写愿望清单,然后把这些清单发给关心这些孩子的朋友和邻居。"

"想清楚了每个细节,"吉米说,"然后我们就去行动了!"

全力以赴,达成目标

帮助别人可能会是一件很麻烦的事,这也许是大家都希望别人能做这件事的原因吧。卷入那些需要帮助的人的生活,需要我们投入额外的时间、金钱和精力。帮助别人实现梦想,和实现自己的梦想一样，都需要作出相同的努力与承诺。

简·塞弗恩将全部的业余时间都投入到了助教上。"如果孩子们缺乏教育，我们就要尽最大努力来帮助他们。"

"除非能帮到别人，否则我不会感到快乐。"弗兰克·莫拉莱说。他和妻子芭芭拉建立了成功的安利事业。他们投身在很多慈善项目上，其中一个就是帮助当地居民。1963年，他们搬到了加州的钻石沙滩。从那时起，弗兰克就开始担任业主委员会主席，并被任命为名誉市长，此外还在桃谷统一校区董事会当了13年主席。

"这是份苦差事，"弗兰克承认，"但也有一些小小的额外收益。当我的孩子八年级和十二年级毕业时，我亲手给他们颁发了毕业证，"他回忆道，"我不想做英雄，我提供的每项服务都是自愿的，每做完一件善事，你都会感觉自己的生命更有意义。"

在募捐当天，保龄球馆上方悬挂的牌子上写着："今夜保龄球比赛不散场。"球馆内，每条球道前都挤满了为受虐待儿童而来的志愿者。一个个保龄球顺着球道滚向前方，撞击声、喝彩声、笑声和脚步声不绝于耳，人们异常兴奋。

进行到一半时，吉米和南茜推着埃力克的轮椅，穿过了欢乐、喧闹的人群。埃力克已经是个少年，但体重只有70磅。虽然他头部的分流装置可以帮助他排出脑部积液，但他还是经常发病。从脖子到腰部，他的整个脊柱都靠一根不锈钢棒支撑着，由于严重的中风，他无法正常使用手臂和腿部肌肉，但他仍然来到这里，为那些受虐儿童打保龄球，尽自己的一份力。

吉米和南茜穿上了保龄球鞋，推着埃力克的轮椅走上球道。刹那间，喧闹的保龄球馆里鸦雀无声。吉米挑了个保龄球，跪到儿子身边。埃力克伸出他那软弱无力、颤抖的双手去摸那个球。

"准备好了吗，儿子？"吉米轻声问道。

"准备好了。"埃力克俯视着长长的球道以及远处 10 个白色的木制球瓶低声说。南茜把埃力克的轮椅推到合适的位置，吉米牵着儿子的手。吉米为儿子指引方向，埃力克认真地瞄准，然后将球推到了光滑的木地板上，球开始向前滚动。球以很大的弧度慢慢地朝球瓶滚过去，人群中的每一个人都在祈祷奇迹发生，埃力克和吉米屏住了呼吸，南茜噙着泪水。

"全中！"人们一起欢呼，吉米和南希俯身抱住了他们的儿子。

"为了孩子们。"埃力克说，抬头看着父亲，咧着嘴露出冠军般的笑容。

顿时，人群中爆发出一阵热烈的掌声。人们笑着、哭着，纷纷捐款。

"那天晚上我们筹集了 19 万美元，"吉米回忆道，"足以为受虐待儿童修两间新房子。"吉米补充道："有位捐赠者带来了麦道公司签发的一张 4 万美元的支票。但那天晚上，没有任何一笔捐赠能与埃力克给我们大家的礼物相比。"

就像吉米、南茜和他们的儿子埃力克一样，只要我们相信自己，我们就可以有所作为。当我们付诸行动，给饥饿的人食物，给受冻的人衣服，给病人和生命垂危的人安慰，那我们的生活也会随之改变。

14
为什么要保护我们的地球

> **信条 14**
>
> 　　做地球的朋友。保护地球、保护家园,是人类义不容辞的责任。贡献时间、金钱,保护地球,就是保护我们自己。

马太·伊皮勒坐在一个矮小、敦实的凳子上,一边沐浴着北极明媚的阳光,一边仔细检查着一件象牙熊雕刻作品。马太在此生活了数十载,他黝黑粗糙的皮肤早已被极地强烈的阳光、高寒天气和干燥的风烙下了明显的印记。为了看得更清楚,他那双深邃的眼睛眯成了两条深深的线。

在户外雕刻,通常是夏天才能享受到的特权。这里的冬天太冷了,马太需要裹上一层又一层的衣服来御寒,即便不冷了,穿着笨重的衣服他也干不了雕刻这样的精细活儿。马太旁边躺了条黑灰色的雪橇犬,它一半身子在房檐下,一半身子在阳光里,享受着阿拉斯加式的"酷暑"。马太一边审视着作品,一边喃喃自语,雪橇犬立刻竖起了耳朵,仿佛认真在听他说一样。

马太对着他雕刻的这只小熊研究了足足五分钟,才拿出一把带小倒钩的刀。他小心翼翼地刻了下去,一道浅浅的刻痕便出现在熊鼻子上。马太停下来,举起小熊端详,显然,他对刚刚的刻痕十分满意。紧接着,他换了种握刀的方式,用刀片又划了几次来加深刻痕,直至它看上去就像小熊的嘴巴。随后,他放下了小熊,作品便大功告成了。

雕刻小熊看似是一件简单的事:作品体积小,不费力,无须精雕细琢。但事实却不然,作品需要展现出事物明显却很难被界定的特质,就像史前洞窟里的壁画,而马太的工作就是要雕刻出动物的特质。

"我曾经看过奥杜邦绘制的一本鸟类图册,"马太说,"虽然我喜欢那些插图,但总觉得哪里不太对劲。那些插图细节到位、画技高超,非常优秀,但问题是没有灵魂。"他停顿了片刻,若有所思地补充道,"鸟的灵性没有被展现出来,我想用作品表现动物的精神。"

"在这里,"马太继续说,"我们认为,动物和人类一样都有灵魂。我们相信地球上所有的创造物都有生命,如果我们肆意践踏它们,就会伤害那些至高无上的灵魂。"说完,马太从小凳子上站了起来。71岁那年,他克服重重困难,穿过无人区,怀着节约能源的想法来到这里。他绕到小屋背风的一侧,指着北方说:"我们把这块土地称作'美丽的土地'。"

从房子的迎风的一侧向远处望去,风景堪称惊艳。西北方是寒冷、崎岖的布鲁克斯岭,它的一侧是北坡的贫瘠苔原,另一侧是阿拉斯加州中部的矮小森林。东边则有不计其数的河流和小溪,大部分河流最终会汇入育空河。

"你看到远处的烟雾了吗?"马太问。大约 50 英里之外,景色壮观,但将视线从地平线向上移,空气的颜色逐渐发生了变化,泛着轻微的琥珀色,渐渐地和深蓝色的天空融到一起。"这就是你们所说的雾霾,"马太解释道,"我不知道污染从哪儿来,当我还是小孩时,根本就看不到这种东西。"雾霾?在北极?这太不可思议了。

作为一名因纽特艺术家和"荒野居民",马太指出了一个非常重要的事实:即使在世界上最偏远的地区,那些我们认为是人类最后的避难所的地方,也需要我们的关爱和管理。

马太一直倡导与地球和谐共处、尊重万物的生活方式,这同样值得我们借鉴。我们虽无法完全仿效他的生活方式,回归原始生活,但可以培养某些和他一样的价值观。

后代的成功和机遇取决于我们保护地球的能力,如果我们意识不到这一点,那么对未来企业家谈论成功的可能性将毫无意义。没有资源,何谈财富?

每当想到环境问题是多么复杂,甚至多么具有争议性时,我都会感到心情十分沉重。我不清楚你的想法,不能为你提供特定的解决方案,但我可以告诉你我们正在做哪些努力,或许我们的经验能够对你有所裨益。

安利对这个星球的承诺

安利的成功,部分要归功于我们的产品是对环境负责的。我们绝对不会销售污染环境的产品。

为了时刻铭记自己的责任,我们在环保使命中写道:

> 安利公司相信,合理利用和管理地球的有限资源与环境,是企业和个人共同的责任。作为一家全球领先的生活消费品制造商,安利深知自己在支持和促进环保中的角色和责任。

这段简短的宣言代表了安利在地球保护方面的承诺。我们相信这么做是正确的。但是,光有信念是远远不够的。只有承诺,没有履行,也是枉然;只有信条,没有行动,毫无意义。

你所关心的地球上的所有问题,实际上都是区域性问题。如果你担心东欧那些排放废气的工厂,只会让自己沮丧,因为你束手无策。我们要做的,就是解决自己身边的问题。有时候,全球问题可以通过解决地方问题得到缓解。马太·伊皮勒的"环境保护策略"

就是在号召大家从自己做起，做正确的事，并持之以恒。

安利公司投放市场的第一件产品就是乐新（LOC）多用途浓缩清洁剂。这是一款生物可降解产品，不含磷酸盐、溶剂或其他任何污染地球的成分，领先于同时代的其他同类产品。是什么原因促使我们开发、销售这样的产品呢？是来自外界环保组织的压力吗？不是！是必须遵守一些承诺吗？不是！是政府压力吗？不是！我们这样做的动因要比这些因素更单纯，更人性化。

我和杰致力于终生守护我们的家乡——密歇根州的大急流市。大急流市因被大急流河一分为二而得名，它和其他湖泊、河流以及小溪环绕在亚达城安利全球总部的周围，并穿过密歇根州中部，形成了一道亮丽的风景。我们从小就在这儿钓鱼、游泳和嬉戏。但是，在我们成长的过程中，一些变化引起了我们的注意，让我们忧心忡忡。

一些溪流和小河的两岸开始积聚起泡沫状残留物，形状可怖、气味刺鼻，危及鱼类和植物的生存。我们不希望自己制造出的任何产品会加重这种问题，毕竟，这是我们的家园，所以我们要开发那些不会污染河流、危及鱼类和植物生存或是在河岸留下很多垃圾的产品。我们希望子孙后代能和我们一样，在这些美丽、未受污染的自然水域里尽情玩耍。

真正的环保主义者要从自身做起，从自己的家乡做起，从微不足道的小事做起，比如随手捡起街头的废纸。我们只有根除坏习惯，才有资格谈论那些重要的问题。一屋不扫，何以扫天下？

安利的大多数产品都是生物可降解的。我们采用浓缩的方式，以便消费者用最少的剂量达到事半功倍的效果。产品的容器可回收，一放到火里，就会烧成灰，不像塑料那样会对环境产生永久性危害。我们不用动物进行产品测试，也不会在喷雾中使用损害臭氧的成分。我们回收利用办公室废纸。而且，我们已经从豆制品中提炼出了一种生物可降解的包装材料，替代填充纸箱中堆积如山的聚乙烯泡沫。

安利不打算开展所谓的"绿色革命"活动，我们只做自认为正确的事。随着公司规模的不断扩大，我们的环保理念产生了越来越广泛的影响。1989年，安利获得了联合国环境规划署颁发的"环保组织成就奖"。在那一年的"世界环境日"，联合国秘书长哈维尔·佩雷斯·德奎利亚尔在联合国总部亲自给杰和我颁奖。说实话，我当时很吃惊，我们是有史以来第二家获得该奖项的公司。

我们所做的一切并无特别之处，只不过是做了应该做的事。大多数环保问题的解决方法其实很简单：人们只需做一些仁爱之事，不需要付出某些巨大的努力，只不过是需要一点点觉悟。

关心地球面临的问题

我们应如何践行环保承诺呢？现在，联合国已经界定了全球环境相关的重要问题。我对其中的每一个问题都很关心，所以，安利公司赞助了世界各地的诸多研究项目，希望能找到更多问题的答案。

但同时，我们每个人都知道弄清问题的症结更为重要，因为未来的环境和经济发展息息相关。

乱砍滥伐。森林是仅次于石油和天然气的世界第三大宝贵资源，但更重要的是它在维持地球生态平衡中发挥的作用：它为数百万物种提供了栖息地，保护土壤，防止水土流失，调节全球气候。然而，我们的森林正在以惊人的速度消失。

在哥伦布发现美洲之前，世界拥有覆盖面积高达 123.5 万平方英里的森林，现在地球的森林覆盖面积大约仅为 8.5 万平方英里。20 世纪以来，在我家乡的周围地区，平均每年至少有 10 万棵树木遭到砍伐，而人们很少采取任何补种措施。现在，虽然情况有所好转，但问题仍然存在，并且相当严重。

农田退化。大米及其他谷物的科学种植使世界粮食产量提高了 140% 以上，这是一种正确的理念，但由此产生的后果却有利有弊。

那些经过改良的作物需要大量的水、肥料和农药。虽然收成提高了 50%，可所需的肥料总量增幅却高达 4500%！

而所有这些肥料、农药以及水源也会让土地付出代价。地下水开始受到化学药剂的污染，大量灌溉使盐分残留在土壤中。

动物灭绝。我的孙子孙女非常关心大熊猫，如果大熊猫灭绝了，我们的生活会发生什么变化？这正是我对孩子们所讲的生物多样性问题，这非常重要，它与大量的物种息息相关，而且是建立生态平衡的前提。

生物多样性为我们提供了基本的"服务"：净化空气，保持地球温度，回收资源，肥沃土壤和控制疾病的传播。事实上，生物多样性价值非凡。

水土流失。由于风、雨或其他原因，地表土壤大量流失。表层土是农业生产的基础，拿粮食生产来说，我们最需要的就是表层土。在美国，大约每年要流失 40 亿吨的土壤——这足够填满绕地球 24 圈的火车或卡车。

酸雨。这是我们所面临的最具争议和最棘手的问题之一。排放到空气中的工业污染物同雨水在空气中混合就会形成酸雨。酸雨正在产生可怕的后果。在波兰，有研究者称，酸雨竟然可以侵蚀铁轨。在加拿大安大略省，据说 300 个湖泊都已被酸化，导致很多鱼类无法继续生存。在希腊雅典，古老的纪念碑表层在下雨天会像冰块融化那样被溶解掉。这个问题的严重性仍有待考证，但我会持续关注。

臭氧层空洞。根据科学家搜集和分析的数据，臭氧层已经遭受了严重的破坏。1988 年，一支由 100 名科学家组成的国际工作小组进行了一项权威的调查研究，研究结果表明，仅在过去的 20 年里，臭氧层枯竭比例就高达 3%。

有些大公司决定逐步停止生产一种被称为氟氯化碳（CFC，俗称氟利昂）的化学制品，以期遏制对臭氧层的破坏。而安利早在 1978 年就已经禁用这些化学制品了。

温室效应。地球自身具备天然的温度调节系统。目前，地球的平均温度是约 12.78 摄氏度，远远低于金星上的约 459 摄氏度。虽然我们无须担心地球上的温度有一天会和金星上一样高，但证据表明，地球正在慢慢升温。没有人确切地知道温度上升的速度以及由此带来的影响，但在接下来的50年，地球温度预计会上升。

气温上升的罪魁祸首就是"温室效应"。这是由于空气中的有害气体不断积聚，阻碍了热量的散发。这些气体中，二氧化碳是最大的元凶。自1800年以来，大气中的二氧化碳含量已经增加了25%。而在此之前，这一气体的含量数千年都不曾发生改变。

沙漠化。这是肥沃的土壤变成不毛之地的过程。沙漠化是先前谈及的土壤退化的最终结果。事实上，它与以上提到的几个问题都有关系：森林砍伐、土地盐碱化以及土壤侵蚀。据联合国估计，仅1980年，土地沙化给农业带来的损失约为260亿美元。

水污染。首先要说的是好消息。现在地球上的水资源总量与人类开始滥用之前完全相等，没有任何流失。其次要说的是坏消息。大部分水资源受到了（盐分或工业污染物的）污染，还有一些难以开发（被封锁在冰川或地下水库内）或难以恢复（世界上约2/3的河川径流因洪水而消失）。

地球上的所有水资源中，淡水仅占3%，因此保护水资源是一项意义重大的工作。美国国家环境保护局已经确认美国的饮用水中含有700多种化学物质，其中129种是有毒的，而且有35个州已确定其地下水受到工业有毒废水的污染。

水是我们最宝贵的资源之一。事实上，安利人对此非常关心。1992年世界博览会在意大利热那亚举行，安利赞助了这次会议，我的合作伙伴杰·温安洛以美国官方大使的身份参加了这次重要活动。这次博览会使人们注意到水资源对美国发展的重要性，以及保护这一宝贵资源的必要性。

了解地球真相

我们有责任探明事实的真相。仁爱者见多识广、博览群书，行事精明，具备批判性思维，但又并非吹毛求疵。他们了解客观事实，提出尖锐的问题，并作出合理的判断。

我们思维开放，能听取正反两方的意见，只向真理低头，从不偏听偏信。同时，我们还善于运用自己的思维和智慧去解决问题。

培养正确的批判态度，尤其是对数字的批判态度，是良好的开端。"这些统计数据说明什么？"一名大学生听到问题后迅速回答道："去问统计学家！"这虽是个小笑话，背后却隐藏着一个危险的事实，即我们的报纸、杂志、电视记者和解说员在滥用统计数据方面可谓得心应手。当然，你可以用数字来证明或否认任何事情，但必须谨慎。你要知道统计数字背后的含义，就像比基尼泳装，露出的部分固然引人注目，但遮住的部分才最重要。保持探究精神，深入挖掘数字背后的真相，你的关注往往比数字本身更有意义。

在寻求真相的过程中，不要怕给人施压。如果他们不知道事实的真相，那就让他们了解。如果你对某个问题知之甚少，那么在了解真相之前就不要妄下结论，这有助于你养成诚实的品格。

一旦你决定去探究事实真相，就会发现可探寻的东西太多了。不要甘于无知，因为无知是危险的，会让人忽略很多问题。

应该如何解决这些环境问题，又不损害人类的需求呢？正如前文所谈到的，我们必须先从履行自己对社区的承诺开始。

这个世界虽然存在着各种各样的问题，但仍然令人向往。人类可能有自身的弱点，但经过这么多个世纪的发展，也证明了自身的力量和适应能力，所以，不要绝望，不要让那些预言者的宿命论吓倒你。世界仍然充满了希望，充满了各种可能性，也有很多让我们对未来保持乐观的理由。

制订你的行动计划

既然我们已经对人类和环境的需求有了一些了解，那么，是时候制订一个属于你的行动计划了。

以下是你制订计划时可供参考的要点：

1. 缩小关注范围，集中到你能为社区和邻居所付诸的力所能及的行动上；
2. 确定为了满足需求，你个人可以采取的确切行动；
3. 写下你行动的每一个步骤；
4. 确定采取每项行动的时间和地点；
5. 检查每一个步骤的实施情况；

6. 庆祝你的成功（包括那些曾经帮助你的人的成功）；

7. 从失败中吸取教训（以便下次做得更好）；

8. 寻找新的目标，并重新开始。

从家庭做起。如果我的建议太简单，还请你原谅我。对我而言，解决全球问题的方案要从家庭做起。如果我们已经开始满足当地的人类和环境需求，那么，我们可以将目标扩大到满足全球范围内的类似需求。

从小事做起。我知道，你有能力在你的社区中完成更了不起的事，而非仅仅是为贫困家庭提供食物，辅导失学儿童，节约用水，或是回收家里的报纸、玻璃瓶和金属废品。但如果你连这些小事都做不到，那怎么能做到更大的事情呢？

在任何可能的情况下，我们都要想办法激励人们，让人们能够自给自足。世界环境与发展委员会在1987年曾指出：贫困和工业化一样对自然具有破坏性。除了开发商，那些穷苦的百姓也会为了种植食物、饲养牲口、给孩子提供食物而砍伐亚马孙雨林。这种行为的后果是破坏性的，但动机却是我们都能理解的，当你在忍饥挨饿时，很难为长远打算。

我们的事业机会能为更多的人带来切实的希望，让人们实现自给自足。想要提高自给自足的可能性，还要进一步扩大我们的想象力，提升解决问题的能力。我们必须找到各种可行的方法，来鼓励当地的企业家和地方团体。

譬如，"文化生存"（Cultural Survival）是一个致力于与当地人合作、帮助他们收割并销售热带作物的组织。第一年这一组织就协助人们卖出了近 50 万美元的热带作物，第二年的销售额则高达数百万美元。通过这一组织的努力，巴西果等热带作物变得比木材价值更高。这种解决方案抓住了问题的根本，找到了环保的解决办法，同时也给当地老百姓找到了谋生之路。

根据我的经验，奖励是最有效的方法之一。如果我们可以在很大程度上鼓励（奖励）人们去做正确的事情，那么人们将取得成功。我认为，大多数人并非真的想去伤害地球和地球上的生物。我承认，世界上的确有一些贪得无厌和愚蠢至极的人，但是，大多数人只要有机会、有动力，都会对自己的行为负责。

经济刺激非常有效，但并非唯一的激励方式。认同感和满足感也很有效，实现理想就是一种自我奖赏。为邻居和地球做事所带来的满足感，可以成为最有效的奖励方式。

有时候，激励可以是利他主义加上一点竞争精神。以爱达荷州的科林·迈耶斯为例。1979 年，当地的几名高中教师举行了一场竞赛，看谁能把水电费降至最低。迈耶斯计划在一年内把水电费减少 60%。他买了一台新的节能冰箱，为房子增加了保温层，补了窗户，安上了用绝热材料制成的大门，淘汰耗电的老式热水器，换成新型节能热水器，并用一台煤气灶换掉了旧电灶炉。一个小小的激励竟然给迈耶斯的生活带来了如此大的改变。

把热爱土地和节约燃料结合起来，也不失为一种激励的好方法。

1985年，一位肯尼亚妇女发起了一场运动，鼓励人们采用节约木材的建筑和改良后的炉灶。有10万人参加了这一活动。其间虽然遭到砍伐者的阻挠，但人们还是成功挽救了数千棵野生动物赖以生存的树木和当地植被。

对人们的努力给予奖励是非常重要的。事实上，安利设立了一个基金会，来奖励基层的环境保护积极分子。以芝加哥公园区回收项目负责人弗雷德·怀特为例。怀特通过阅读，了解到了由再生塑料制成的"木材"。"为什么不用这种材料来改建我们年久失修的运动场呢？"他沉思着。于是，他建立了一个涉及全芝加哥范围的"为公园整形"计划。

POP计划是要收集废弃的塑料容器，并将它们制成"木材"。芝加哥的居民可以把塑料垃圾送到全市263个收集地点。从1989年起，芝加哥居民送来的塑料垃圾已多达数吨，其中，200多万磅的塑料垃圾已转变为建筑材料。芝加哥市共有663个运动场，超过一半的运动场都采用了这种环保木材。这些垃圾终于变废为宝。怀特说："这种材料价格很高，但从长远角度看却是省钱的，因为这种环保木材的使用寿命是原先的三四十倍。另外的好处是，它需要的维护成本非常低，并且经得起乱写乱画。"

大卫·基德是一名狂热的野外活动爱好者。他曾划着独木舟穿行在森林中，沉醉于河两岸的自然风光，流连忘返。这次经历使他认识到自然界中的所有个体都扮演着重要的角色。基德说："树木就像环境的吸尘器，每一片树叶都会吸进脏空气，并为我们呼出干净的空气。"从那一刻起,基德决定要组织人们种植数百万棵树。

基德发现,买一棵两年大的树苗大概只需要 10 美分,但要买数百万棵树苗,他就无力负担这高昂的费用了。所以,他向当地的俱乐部等组织集资购买树苗,并分发给愿意种植的居民。今天,基德以俄亥俄州斯塔克为基础发展起来的"美国自由植树工程",已经成为该州规模最大的民间志愿者项目,共计种植了超过82.6万棵树。1990 年 10 月,基德获得老布什总统为他颁发的"泰迪·罗斯福保护奖"。基德骄傲地说:"我们要让全美国的人都明白,我们有可能改变全球环境的发展方向,因为环境是我们赖以生存的地方,而不是一个无关痛痒的存在。"

马克斯·肖克博士是贝勒大学的数学教授,20 世纪 70 年代出现石油危机之后,他开始寻找其他替代能源,并最终得出结论:乙醇——一种从农产品中提炼出来的物质,是石油燃料的可行替代品。"你可以从甜菜、谷物,或者几乎任何包含淀粉或糖的东西中提炼出乙醇。而且它很便宜、可再生、低污染。"肖克说。

1980 年,肖克开始用乙醇燃料试飞实验飞机。9 年后,肖克和他的妻子格拉齐亚·赞宁乘坐自制的飞机,从得克萨斯州韦科飞到 6000 英里外的法国巴黎。那次飞行为他赢得了美国飞行领域的最高奖——哈幕奖章。肖克现在是贝勒大学的美国飞行服务部主席。在那里,他继续论证乙醇燃料代替化石燃料的可行性。"石油是有限的,"肖克说,"但是世界上几乎所有国家都能制造乙醇。"

吉姆·奥尔德曼是特拉华州刘易斯市开普·汉洛朋中学的生物学

和海洋学教师，他一直帮助学生做有关环保的实验。这些学生的居住区紧靠大西洋和内海湾，对环境变化非常敏感。过去几年，为保护日益被侵蚀的沙滩，这些学生已经种植了超过 3 英里的沙丘草。同时，他们努力改善内海湾的环境，为数量急剧减少的沙鸥提供栖息地。

通过学生们的努力，特拉华州海鸟濒临灭绝的状况已有所好转。这些学生选择了一条溪流进行污染监测，沿着一个美国国家野生动物保护区的敏感地带，他们还修了一条宽阔的步道，沿着步道分析环礁湖的细菌样本。奥尔德曼自豪地说："通过这些项目，学生们真正理解了我们生活环境的脆弱性。"

这些人的故事无一不让我感到自豪、为之振奋。但是，这并不意味着人们总能轻而易举地作出正确的决定。我们公司的很多决策也是经历了多次的探讨和研究才作出的。

我们销售的哪些产品仍有可能危害环境呢？我们发现，虽然不多，但它们确实存在。譬如，我们生产的下水道清洗剂具有腐蚀性，有可能危害环境，于是我们决定停产。仅是这一项决定就让我们损失了数百万美元。但不可否认的是，这项决定是正确的。此外，我们还决定改变我们的部分包装，减少包装废物，并鼓励回收再利用。

说实话，有时为环境作出一项决定需要付出昂贵的代价，唯一的短期回报可能就是对得起我们的良心，这同时也意味着我们要将口袋里的钱掏空。但长期而言，不管从哪个角度看，这项决定都是正确的，譬如，这让资源得以保存，财富得以增加，后代得以有更多机会，先辈留下的遗产得以保留。

1989年，在纽约联合国大会的主画廊，安利环保基金会赞助了因纽特人当代著名作品展，主题为"北极的主人"。

那次展览非常受欢迎，作品以不同的动物造型，如熊、海豹、鲸、北美的驯鹿、猫头鹰、海象等，完美呈现了力与美的结合。这些动物中的大多数是由因纽特猎人捕获的，他们在猎捕时，心中本着只取所需的原则。对他们来说，动物不仅仅是猎物，也是邻居，它们会受到尊敬，甚至被人敬畏。从他们的作品中就很容易看出来这一点，这也许正是展览受欢迎的重要原因。

展览从1989年开始巡回展出。1992年6月，为了参加联合国环境与发展会议，我乘飞机到巴西里约热内卢为这一展览揭幕。按照旧例，我提前去观展，当时展览还没有正式开放，我独自一人在展厅走着，一阵孤独感突然袭来，我在一个小展台上看见了一件关于小北极熊的作品，它让我想起了马太·伊皮勒。这只小熊不是用象牙做的，而是用白色和灰色的大理石制作而成的。这是来自加拿大多塞特海峡的因纽特艺术家卡克·阿什纳的作品。

和马太的作品一样，这件作品也栩栩如生——小熊四肢着地，脑袋歪向一边，仿佛在说："嘿，你好呀，快看我！"它的嘴经过了精雕细琢，线条简练而极富表现力，充分显示了作者对北极熊的爱和透彻了解。卡克·阿什纳就像马太·伊皮勒一样，真正了解他的这些动物邻居以及生活于那片地上的其他生灵。

此刻，我想到了在"北极的主人"第一次展览上的献词："透过他们的艺术和历史片段，因纽特艺术家们向我们展现了一个环境日益遭到破坏的世界，同时也告诉我们，尊重大自然的规律、与大自然和谐相处，不仅是可能的，而且是必须的。他们这种与大自然和合共生的生存方式具有特别的意义。在世界最残酷的环境中，因纽特人几千年来绵延不断，不仅顽强地生存着，而且创造出了展现当下人类生存状况的丰富的艺术资产。"

我希望自己所处的社区、这个国家和这个世界上的人都能够像因纽特人那样，绵延生存数千年。但是，为了实现这一目标，我们必须采用和马太·伊皮勒一样的方式，真正去了解自然，呵护自然。虽然每个人所能做的非常有限，但我们必须从身边开始做起。

15
我们将得到什么

> **信条 15**
>
> 奉献时间、金钱和经验去帮助他人可以实现爱的传递,从而实现个人价值,共创社会繁荣。如果你厌倦了行善,就请想想"报偿法则"。你所付出的每一点时间、金钱或精力,都将获得回报。

特迪·斯特兰德是我们故事的主角。他是个 10 岁的邋遢男孩,不洗脸,不梳头,衣服也总是皱皱巴巴的。其他孩子背着他喊他"臭小子",有时甚至当着他的面这么做。在汤普森小姐的所有学生中,特迪是最不起眼的。汤普森小姐叫他回答问题时,他不是趴在桌子上昏昏欲睡,就是含混不清地答非所问。

汤普森小姐尽可能平等地对待每一个孩子,却很难喜欢特迪。她讨厌叫到特迪,给他批改作业时,画的红笔印也比其他学生的格外粗一些。直到今天,她仍旧承认:"我本该了解得更多一些,多留意特迪的档案的。"

特迪的一年级评语是："特迪是个有潜力的孩子。但是，他家中似乎发生了一些冲突，特迪受到了不小的影响。"

二年级评语是："特迪看起来很聪明，但上课总是分心，因为他的母亲病得很严重，他没法从父母那里获得任何帮助。"

三年级评语是："特迪的母亲今年去世了。这个孩子极聪明，就是精神不集中。他父亲从来不对家访电话作任何反馈。"

四年级评语是："特迪进步很慢，但表现尚可。他偶尔会因为想起妈妈而大哭。父亲对他漠不关心。"

为庆祝圣诞节，学生们会亲手装点圣诞树，还会为老师准备各种礼物。圣诞假期前一天，全班学生都会围着汤普森小姐，看着她拆礼物。这一年，在这堆礼物的最下面，汤普森小姐发现了特迪为她准备的礼物。和其他包着金箔纸并用闪亮的丝带装饰的礼物不同，特迪的这份礼物用皱巴巴的普通褐色纸包着，还缠着透明胶带和绳子。

"致汤普森小姐，"包装纸上用蜡笔潦草地写着，"特迪赠。"

打开包裹，里面是一只镶着假钻石的手镯和一瓶廉价香水，手镯上的假钻石已经脱落了一半，香水瓶也快空了。见到这番场景，女孩们都哈哈大笑，男孩们则做着鬼脸。为了不破坏圣诞节的气氛，汤普森小姐举起手，示意大家安静。当着孩子们的面，她戴上了那只手镯，并在手腕上洒了几滴香水。

"这个味道闻起来是不是很可爱？"她问学生们。在汤普森小姐的暗示下，孩子们纷纷表示赞同。活动结束后，其他学生都被家长接走了，汤普森小姐注意到，特迪还坐在自己的座位上抬头望着她，甜甜地笑着。

"特迪？"她知道特迪家很远，所以奇怪他为什么还没有走。

特迪慢慢地从自己的座位上站了起来，走向她。

"你戴我妈妈的手镯真好看，"他说道，声音不同于以往的低语，"你洒上香水，闻起来就像我妈妈一样。"

突然，汤普森小姐意识到，这两件看似从"廉价商店"淘来的礼物，原来是这个男孩最珍视的东西。她俯下身，强忍着泪水，轻声地说："谢谢你的礼物，我很喜欢。"

"那就好。"特迪回答道。他站在那里，静静地微笑着看向汤普森小姐，过了好一会儿，才从挂钩上取下夹克，匆匆离开了。

特迪·斯特兰德的故事持续到多年以后。在这最后一章结束时，我会告诉你，汤普森小姐充满仁爱之心的小小举动，给他们两个人带来了什么。为什么汤普森小姐会有仁爱之心？当两件便宜的物品从普通的褐色包装纸中掉出时，她为什么没有报以嘲笑？为什么她要戴上那只破手镯，洒上过时的香水？为什么她要举手制止学生们的嘲笑，暗示大家要赞赏特迪的礼物？

正是因为汤普森小姐当时意识到了特迪的迫切需求。给学生带去失望，还是希望？她只有几秒钟来作出决定。但就是这几秒钟的决定，不仅攸关特迪的未来，而且对他们两个人都影响深远。

不难理解，发现需要并施以援手，会给施受双方的生活都带来积极影响。接受他人的馈赠是一种美好的感觉；那些努力工作，慷慨奉献时间、金钱、经验和善意的人，也将获得比付出多数倍的回报。

在安利，我们将这称为"报偿法则"。俗话说："一分耕耘，一分收获""种瓜得瓜，种豆得豆"，这些都是灌输到每一代人脑海中的理念。

我们不能崇信不择手段的拜金主义和不惜代价的恶性竞争，公平竞争和仁道地获取财富有益于社会。我们怀有仁爱之心，别人也会以仁爱回报我们。抛弃仁爱之心，我们将遭受相同的报应。

我们必须对世界生态和资源抱有仁爱之心，必须对头顶的天空和脚下的大地、海洋、森林、沙漠以及生活于其中的一切生物抱有仁爱之心，必须对选择开发和销售的产品，以及建设或租用的设施抱有仁爱之心。我们设计包装、给产品定价甚至广告宣传时，也应该考虑仁爱。在使用自己的收益、工资、奖金、时间和才干时，也必须以仁爱原则作为指导。

行善! 努力行善! 你就会得到回报! 这就是"报偿法则"。

做善事。 在 20 世纪 90 年代初的美国，每年有 8000 万人自愿行善，平均每位志愿者每周做义工约 4.7 小时。随着数百万经验丰富且充满活力的退休人员的加入，志愿者队伍明显壮大。尽管如此，志愿者的平均年龄依然处于在 35 岁到 49 岁之间，并且，不是只有那些收入丰厚的美国人才做志愿工作，超过 25% 的志愿者的家庭收入只有 2 万美元，甚至更低。

其中有安利公司的很多朋友，他们带头将时间、金钱、精力和创意投入慈善活动中，我为他们感到骄傲。我并不想进一步阐释行善对个人有什么意义，因为，每个人对行善都有自己的界定。

你相信"一分耕耘，一分收获"吗？那么，现在就开始播种吧！找到一项你崇尚的事业去作出奉献，支持它。无论你做什么，都要认真、慷慨地去做，坚持下去，你会收益颇多。

努力行善。如果一般志愿者平均每周花 4.7 小时来提供志愿服务，我们应投入多少时间？我们要献出多少时间和金钱？你是否把它们写了下来？

除非你对自己的定位是职业慈善家，否则没有人可以告诉你应该花费多少时间和金钱来做善事。安利公司的朋友们在这方面有着坚定的信念。我们很容易在每个月的月末找到理由，拿出全部或者部分善款帮助别人建立事业，支付账单。正如海伦告诉我的那样，当你为做善事而努力工作时，当你不计得失作出承诺并且坚持履行时，你会为得到的回报感到惊讶和兴奋。

努力意味着付出时间。在你我的生命中，没有任何事是不用付出努力便能成功的。如果你想成为一名成功的创业者，就必须长时间地工作。如果你善于管理时间，那么你也可以花时间、金钱来做善事。成功的人总是高度重视自己的时间并合理分配它，他们晚上不沉迷于电视，早晨也不会睡懒觉。他们之所以更高效，是因为他们留出了更多的时间工作。

如果我每周工作 40 小时，而你每周工作 80 小时，那为什么我要对你能赚更多的钱或有更多的钱去行善而惊讶呢？我们都有机会通过增加工作时间来提高收入。工作时间长了，我就可以赚更多的钱，我可以用这些钱来扩大自己的生意，或者捐赠给有需要的人。

诺贝尔奖得主、经济学家米尔顿·弗里德曼曾强调过这样一句古话："世界上没有免费的午餐。"这说明世界上根本不存在捷径。要想成功就必须付出代价，时间只是其中的一部分而已。

努力意味着坚持。坚持就是"按照规则持续地行动"。所有伟大的天赋都离不开强大的意志力。要想成为一名耀眼的 NBA 球星，就意味着在能用手抓住球的年纪，你就必须站在篮球场上练习传球和投篮；要想成为一名钢琴家，从可以爬上钢琴凳开始，你就必须每天花数小时来练习。成为成功的创业者，关键在于有顽强的意志力去坚持。

有一点几乎毫无例外：成功者都经历过多次的失败。杰和我也经历过失败，但我们从来没有放弃。所以，请你也不要放弃。或许，我们当时只是固执，但固执和坚持非常相近。坚持好的东西是"坚韧不拔"，坚持坏的东西就是"固执"。

固执是倔强之人的一大特质，忍耐则是圣贤之辈的优良品质，千万不要将二者混为一谈。如果把"固执"当成坚持，我们就永远不会达到有意义的目标。我们必须坚定地追求成功，虽然成功不可能一蹴而就，但坚持最终将引领我们达到胜利的彼岸。

努力意味着纪律。16 世纪，一位作家曾说过："我知道如何管理自己，所以我是自己命运的主宰。"自律就是掌控自己的生活，这对于有抱负的人来说非常重要。

我必须承认，任何带有纪律字眼的建议看起来都没有太大的吸引力，但自律确实是必要的。

我们越是自律，就越少受制于他人。遵守有规律的生活方式，意味着可以更快地迈向目标。通过自律，我们会获得自由。

努力意味着保持你的洞察力。在《约翰·亨利之歌》中，约翰挥舞着钢钻，与新式的气钻机展开了你死我活的殊死之战。他的妻子和孩子看着他，却无能为力。最终，约翰赢得了比赛，却丢了性命。

努力工作并不意味着盲目干活，至死方休。我们反对为了一个不能或者不会实现的梦想搭上自己的性命。保持客观判断，知道何时能成功，何时会失败，何时应该放弃一个梦想并开始另一个梦想，这需要提出并回答一些坦率而痛苦的问题：我是否喜欢正在做的事？我做得是否出色？我是否拟定了计划？我是否在全力以赴？哪些机会能带给我成功？我是否掌握了自己领域中的资讯？我的技能是否得到了提高？我对同事是否慷慨？

旧金山巨人队的投手戴夫·德雷弗凯在一次癌症手术中切除了手臂上50%的肌肉，但他仍梦想着东山再起。在历时数月的痛苦治疗后，他掷出了8个有力的击球，以4:3打败了辛辛那提红队。当戴夫的梦想实现时，全世界都在为他欢呼。

然而，就在他胜利后的第5天，悲剧发生了。在蒙特利尔一场比赛的第六局投球中，戴夫的手臂骨折了。这位年轻的运动员遭受着肉体和精神上的双重折磨,他再也不能投球了。更糟糕的是,由于数月的放射治疗和病毒感染,医生不得不切除了他的整条手臂。

在许多方面,仁爱是拥有自由和未来的保障。如何保障?这其实很简单,如果我以仁爱之心待你,你很可能会以同样的方式对待我。但如果我很贪婪,并竭尽所能地为自己牟利,我又怎能期待你会尊重我呢?没有仁爱,我的行为只会激发贪欲。

仁爱之心对施受双方都有好处。"你想让别人怎样对待你,你就怎样对待别人",这句金玉良言是"报偿法则"的另一种表达方式。它既是一条精深的哲理,也是非常实用的生活忠告。具有"仁爱情怀"既是精神上的得益,也是你自己最好的投资。

约翰·亨德里克森以前是威斯康星州的高中老师,他和妻子帕特建立了非常成功的安利事业。慷慨地付出时间和金钱,是他们成功的主要因素。

"有时慷慨并非明智之举,"帕特说,"譬如,当约翰还是明尼苏达州的一名高中老师和乐队指挥时,学生们都很喜欢他。多亏约翰的带领,他的乐队在当地比赛中屡屡获胜。但是,约翰不久就意识到,不管表现得多么出色,他都得不到应有的报酬。校长向他承诺,约翰可以永久地留下来,但他婉言拒绝了。只有拥有自己的事业,才能够自由地按照自己希望的方式慷慨地对待他所信任的人和工作。"

"我们最近去了一趟英国,与一些刚刚加入安利事业的伙伴交流。"约翰解释道,"这趟旅行花了数千美元,但我们还是去了。这不仅是出于慷慨,也是期望有一天,这次旅行能够给我们带来回报。"约翰补充说:"我不认为付出时间或金钱像某些人鼓吹的那样,充满高尚的理想。对于我和帕特来说,我们付出的时间与金钱越多,所得到的回报就越多。"

仁爱有助于找到生活的重心。换一种说法就是,仁爱的回报之一,就是我们知道自己正在做正确的事,从而获得内心的平静。

仁爱始于内心。假如我们内心没有承诺,就尝试去做"正确的事",那只不过是一种义务和苦役,是没有用的。没有仁爱之心,不到一周你就会热情殆尽,或很快变得讨厌自己。先从进行内心建设开始。给自己放一天假,到小镇或城市的街道上逛逛,看看邻居的真正需求,看看孩子们眼中的悲伤和苦难,将他们的渴求根植于内心,直到你的热情开始滋长。去悲伤,去愤怒,去行动,然后,你会开始热爱你所做的事。

别担心!仁爱并非一种脆弱的情感。英国工党前领袖尼尔·金诺克说:"仁爱并不是对那些社会底层的人流露出的肤浅而脆弱的伤感情绪,它是纯粹的实际信仰。仁爱的人眼中的世界是鲜活的,他们对这个世界充满了强烈的感情。"

仁爱是一种智慧,它融于情感之中。如果内心对任何事都毫无感受,你便不可能充满热情。

仁爱不仅仅是情感上的承诺,它还需要进一步的行动:把内心的承诺付诸实践。仁爱并不只是温暖人心的情感,而是可以落实的实际行动。

行动论证了我们内心的承诺。没有行动，我们只不过是冒牌货，是道德上的伪君子。

当以行动来对抗各种苦难时，你的生命便开始有意义。通过行动，你在这个世界上留下了你的印记。古语云："岁月沙滩上的足迹不是坐出来的。"如果害怕鞋里灌进沙子，就不可能在沙滩上留下足迹。

但如果你通过行动磨炼自己，便会显得与众不同。前进的道路不是笔直的，大多数人会走很多弯路，不断迷失方向，偶尔还会走回头路，有时也会坐下来喘口气。但通过行动，你会留下美好的人生经历，回首时定会让你倍感骄傲。你可以心满意足地说："我做了很多有意义的事。"

仁爱不会拒绝任何人！不论肤色、信仰、学历、背景如何，所有人在安利都会受到欢迎，我希望每个公司都是如此。好的企业提供开放的空间，使人们能畅所欲言、互相交流。

今天的仁爱将会拯救我们的未来。帮助那些不能自助的人，也会给我们带来诸多利益。如果我们继续容忍他人遭受苦难而不伸手相助，这个世界可能会毁灭。

坚信仁爱需要终生冒险。没有人可以告诉你应该从哪里开始，或者用什么方式开始，你只需要记住，任何有爱心的微小付出，都将给你带来回报，会激励你继续做更大更好的事情。仁爱具有感染力，一旦你开始了，你的生活将会永远被改变。

在那个圣诞节之后，特迪·斯特兰德和汤普森小姐之间建立了某种联系。继续戴着破手镯、洒着廉价香水的汤普森小姐，决定尽最大努力去帮助这个小男孩，改变他的人生。于是，她在他身上发现了前所未有的可能性，她在心中为特迪的未来描绘出一幅蓝图，并开始为此努力。

每天放学后，特迪和汤普森小姐就开始他们的工作：汤普森小姐指导特迪改掉握笔不稳的毛病，直到他字迹端正、卷面整洁；教会特迪拼写和数学；读书给特迪听，然后再让特迪读给她听；他们用心学习歌曲、写诗甚至短篇小说。汤普森小姐把她那支刺目的红笔收了起来，用星星和感叹号来表示赞扬。一有合适的机会，她就单独或在全班同学面前表扬特迪。

一学年结束时，特迪有了惊人的进步，他不但赶上了汤普森小姐班上的大多数学生，还名列前茅。一天下午，他们互道再见时，汤普森小姐抓住特迪的手说道："特迪，你做到了，我以你为荣。"令她吃惊的是，这个孩子轻声更正道："汤普森小姐，不是我做到了，是我们一起做到了。"

那年暑假，特迪的父亲失业了。全家搬走时，汤普森小姐在特迪的档案中加上了许多正面评语："特迪是个异常优秀的孩子，经历了母亲的离世和父亲的冷漠后，他能够迅速从这些打击中恢复过来。只要你愿意为特迪多花一点时间，那么你将获得切实的回报。"

在特迪·斯特兰德和他老师的生活中，报偿法则的效力我们有目共睹。当我们为他人花费时间、金钱和精力时，我们可以得到什么？当我们怀有仁爱之心时，是否会有意外的收获？

接下来的七年，汤普森小姐没有听到任何特迪的消息。每年圣诞节，汤普森小姐都会给孩子们讲述特迪的故事。

有一天，她收到一张从遥远的城市寄来的手写便条。她一下子就辨认出那是特迪的字迹："亲爱的汤普森小姐，我希望你能第一个知道，我将以第二名的成绩从高中毕业。谢谢你，我的老师，我们做到了！爱你的特迪·斯特兰德。"

四年后，她又收到了另外一封信："亲爱的汤普森小姐，我想让你第一个知道，我将作为代表在毕业典礼上致辞。大学并不好念，但我们做到了。爱你的特迪·斯特兰德。"

又过了四年，特迪寄来一封短信："亲爱的汤普森小姐，就在今天，我成了西奥多·斯特兰的医学博士。还不错吧？我想让你第一个知道。我们做到了。我下个月27号结婚，希望你能来参加婚礼，并坐在我母亲生前应坐的位置上。我的父亲去年过世了，你现在是我唯一的亲人了。爱你的特迪·斯特兰德。"

你是否有点奇怪，我为什么要以汤普森小姐和特迪·斯特兰德的故事结束这本书？事实上，当我第一次从朋友那里听到这个故事的时候，我就把它当作了一则寓言，它让我们对仁爱的理解更加简单、清晰。我们每天都面临抉择：是匆匆越过需要帮助的人们和地球，追逐利润，还是停下来，多待一会儿，力所能及地帮助沿途渴求援助之手的人们？

你想成为一名成功的创业者吗？你希望得到真实、持久、真正的利润吗？那就让仁爱引领你走好人生旅程中的每一步吧！